经济发展方式转变框架下的环境规制研究

周 灵 著

中国财经出版传媒集团

经济科学出版社
Economic Science Press

图书在版编目（CIP）数据

经济发展方式转变框架下的环境规制研究/周灵著.
—北京：经济科学出版社，2017.8
ISBN 978 - 7 - 5141 - 7684 - 1

Ⅰ.①经…　Ⅱ.①周…　Ⅲ.①环境规划 - 研究 - 中国
Ⅳ.①X32

中国版本图书馆 CIP 数据核字（2016）第 317044 号

责任编辑：王东岗
责任校对：徐领柱
版式设计：齐　杰
责任印制：邱　天

经济发展方式转变框架下的环境规制研究
周　灵　著
经济科学出版社出版、发行　新华书店经销
社址：北京市海淀区阜成路甲 28 号　邮编：100142
总编部电话：010 - 88191217　发行部电话：010 - 88191522
网址：www.esp.com.cn
电子邮件：esp@ esp.com.cn
天猫网店：经济科学出版社旗舰店
网址：http://jjkxcbs.tmall.com
固安华明印业有限公司印装
710 × 1000　16 开　13 印张　250000 字
2017 年 8 月第 1 版　2017 年 8 月第 1 次印刷
ISBN 978 - 7 - 5141 - 7684 - 1　定价：42.00 元
（图书出现印装问题，本社负责调换。电话：010 - 88191510）
（版权所有　侵权必究　举报电话：010 - 88191586
电子邮箱：dbts@ esp.com.cn）

前　　言

　　经济发展方式一直是经济学研究的重要课题，而资源的稀缺性特征决定了可持续的经济发展必然建立在资源的有效配置基础之上。在工业社会之前，环境资源作为人类经济活动以至人类生存的前提，不仅是取之不尽、用之不竭的，而且是任何人都可以无偿使用而不会损害他人利益的，所以也就没有环境资源稀缺与价值之说。然而，工业革命尤其是20世纪60年代以来，随着人口急剧增加和经济迅猛发展，人类采用以大量投入、大量耗费、大量产出、大量废弃为基础的传统经济增长方式，不考虑环境资源的合理使用和可持续性，任由环境资源被过度开发，生态系统被严重破坏，大量污染随之产生，环境破坏日趋严重，环境资源也逐渐从免费物品转变为稀缺商品，具有了直接经济价值。长期以来，随着经济发展水平的不断提高，人口数量的迅速增加，经济发展与资源环境之间的矛盾日益复杂。在资源环境紧缺的约束下，对资源环境的有效保护和合理开发利用则成为经济社会可持续发展的必然选择，因此如何兼顾环境保护和经济发展成为经济学研究的一个中心问题，并越来越成为影响人类社会可持续发展的亟待解决的核心问题。

　　我国在改革开放三十年的经济高速增长过程中出现的大量环境问题，不仅是传统经济增长的产物，更深层次的原因是企业在追求个体利益最大化时忽视社会整体福利，任意浪费资源进行生产，导致大量排污对环境形成破坏。由于环境资源具有公共品和外部性等特征，无法依靠企业和个人自主解决环境问题，因此，需要由政府作为约束和激励的实施主体，引导企业改变生产方式，调整产业结构，最终实现整个社会的经济发展方式的转变。我国目前虽然有一定的环境保护的管理手段，但仍然主要以行政手段为主，污染控制效果和规制成本都离预期有较大差距。为了改善我国环境质量不断恶化的局面，必须制定有效的环境规制手段，选择合适的环境规制工具，在充分确保资源环境保护力度的同时，促进经济增长，改变我国经济发展方式，使环境资源利用与经济发展之间的矛盾得以解决。本书通过大量的统计数据进行现状梳理，并运用严密的理论分析，力图为中国这样具有代表性的发展中转型经济体在处理环境保护与经济发展的"两难"问题上提供理论和实践支撑，具有重要的理论和现实意义。

本书通过对我国经济发展过程中过度追求经济增长速度而导致资源滥用和环境破坏等问题进行分析，探讨了要转变经济发展方式必须建立以兼顾经济、环境、社会效益为标准，以保护环境资源为出发点，通过有效环境规制政策的制定来影响企业的生产和决策行为，促使企业在有效的环境规制下根据市场原则进行环境友好型技术创新行为，促进产业结构调整升级，推动经济发展方式的转变，从而有效保护和利用资源环境，实现经济、社会与环境的可持续发展。本书首先介绍了我国经济增长速度不断加快，资源环境日趋恶化的客观事实，以此作为本书的研究背景，提出了政府环境规制对转变经济发展方式的影响，从理论视角提出经济发展方式转变和环境规制的相互关系，总结出环境规制与经济发展方式之间存在的内在关联性。其次，通过对我国经济发展的历程以及不同的发展阶段政府环境规制的特征及变化的梳理，分析经济发展方式转变框架下构建环境规制体系的必要性，总结出环境规制对经济发展方式的影响机制，建立起促进经济发展方式转变的环境规制体系的基本框架，并提出环境规制促进经济发展方式转变的传导机理以及不同环境规制工具的作用和特征，同时对行政化和市场化环境规制工具的关联性和差异性进行了比较分析。在此基础上，本书提出环境规制对经济发展方式的影响是以环境友好型技术创新作为媒介的，并着重探讨了从环境规制——环境友好型技术创新——经济发展方式转变的经济分析，归纳了环境友好型技术创新的内涵、主体和动力机制，深入剖析了环境规制对企业进行环境友好型技术创新的直接影响和间接影响机制，同时，进一步分析了环境友好型技术创新对经济发展方式转变的影响机制，以及对发展循环经济、绿色经济和低碳经济等巨大的推动作用。最后本书得出相应结论，并提出环境保护与经济协调发展的战略对策，包括建立市场激励、财税政策、环境友好型技术创新政策，以及推动环境资源利用中的公平性等环境规制政策，在环境规制不断完善下最终实现经济社会可持续发展。

周　灵

2017 年 7 月

目　　录

第 1 章

导　　论

在工业社会之前，环境资源作为人类经济活动以至人类生存的前提，不仅是取之不尽、用之不竭的，而且是任何人都可以无偿使用而不会损害他人利益的，所以也就没有环境资源稀缺与价值之说。然而，工业革命尤其是20世纪60年代之后，随着人口急剧增加和经济迅猛发展，工业"三废"和农药污染日趋严重，新鲜的空气、洁净的水、安宁的环境、大气和海洋都变成了稀缺的资源，环境资源从免费物品逐渐转变为稀缺商品，都有了直接经济价值。在资源环境紧缺的约束下，对资源环境的有效保护和合理开发利用成为经济社会可持续发展的必然选择，因此如何兼顾环境保护和经济发展成为经济学研究的一个中心问题，并越来越成为影响人类社会可持续发展的亟待解决的核心问题。

1.1　选题背景及意义

1.1.1　选题的背景

经济发展方式一直是经济学研究的重要课题，而资源的稀缺性特征决定了可持续的经济发展必然是建立在资源的有效配置基础之上的。然而，人们在经济发展初期阶段过于在意经济增长速度的快慢，主要采用传统经济发展方式，以大量投入、大量耗费、大量产出、大量废弃为基础，不考虑环境资源的合理使用和可持续性，任由环境资源被过度开发，环境系统被严重破坏，大量污染也随之产生。长期以来，随着经济水平的不断提高，人口数量的迅速增加，经济发展与资源环境之间的矛盾日益复杂，并成为影响人类社会长期发展中亟待解决的核心问题。

从新中国建立到改革开放初期，我国经济总量比较低，资本、技术、制度等要素相对稀缺，由于生产力水平低下，生产企业总量不足，人们消费水平也不高，因此土地、劳动力以及一些矿产资源相对比较丰富，也正是由于生产力水平低所以环境污染总量不大，污染问题并不突出。随着经济增长速度的加快，我国经济总量的不断扩大，生产要素的供需格局发生了重大变化，土地资源供给紧张，能源短缺，不少矿产资源的国际依存度越来越高，资源、环境问题对经济发展的制约作用变得越发突出。改革开放以来，经历了30多年的高速发展，我国进入了工业化加速发展阶段，经济实力不断增强。但是受科技水平、产业结构、经济体制以及经济发展阶段等多种因素的制约，经济的高速发展仍依托于资金、劳动力和自然资源等生产要素的大量投入，即依靠粗放型经济增长方式实现的。1979～2015年国内生产总值年平均增长速度达到9.7%，[①] 经济发展潜力得以充分发挥，除去2008年国际金融危机对中国经济发展造成一定影响以外，我国经济发展整体上呈现出了高增长与低通胀并存的良性状态。我国社会主义现代化"三步走"战略已基本走完头两步，在21世纪前20年力争把我国建设成为小康社会的根本任务已赛程过半，社会主义现代化建设正处在关键时期。从20世纪90年代中期中央在"九五"计划中明确提出转变经济增长方式到现在已十多年，我国的经济发展方式仍未能从根本上摆脱传统经济增长模式的困扰，粗放型经济增长方式不仅没有缩减和转型，甚至呈进一步强化的态势。统计研究中发现，我国经济的高速增长，很大程度上是靠资本投入、资源消耗来驱动的，例如，2005～2008年，资本形成对GDP的贡献率分别为33.1%、42.9%、44.1%和53.2%，接近世界平均水平的两倍，由于国际金融危机的影响，我国通过宏观调控手段提高内需促进经济增长，因此2009年资本贡献率更是高达86.5%，2010年后资本贡献率开始回落，2010～2015年资本对GDP的贡献率分别为66.3%、46.2%、43.4%、55.3%、46.9%和41.6%，2010～2015年，资本形成对GDP的拉动分别为7.1%、4.4%、3.4%、4.3%、3.4%和

---

① 根据历年中国统计年鉴相关数据整理。

2.9%。[①]粗放型经营维持了一段时间较高的经济增长速度，缓解了就业压力，但同时也使人类赖以生存的生态环境难以承载，经济增长受环境、市场和资源的约束日益增强。由此可见，长期以来我国经济的快速增长走的是一条高投入、高消耗、高排放、难循环、低效率的以粗放型经济增长方式为基础的经济发展道路，这种发展方式过于看重经济增长要素，经济发展状况主要通过 GDP 总量、GDP 增长率和人均 GDP 等要素来衡量，而这样的经济发展方式与环境资源的可承载性无法协调，会出现只见增长不见发展的结果，因此，这样的经济发展方式是难以持续的。

诚然，以粗放型经济增长方式为基础的经济发展在迅速摆脱我国一穷二白的落后面貌、完善国民经济体系、缩小与发达国家发展差距、提高人民生活水平等方面发挥了重要作用。短短几十年，中国经历了发达国家几个世纪才能完成的工业化进程。但这些成就的取得是以牺牲资源环境为代价的，长期形成的经济结构不合理、经济增长质量不高、经济增长动力不强等问题依然存在，并且越来越突出。同时，我国的自然条件和地理特征具有明显的先天脆弱性，人口数量巨大，资源与生存空间相对紧张，人均耕地、淡水、森林、草地资源和重要的矿产资源不到世界平均水平的一半。此外，废水、废气、固体废弃物等主要工业污染物的排放量继续增加。依据《2011 年中国环境统计年鉴》所提供的统计数据，以"十一五"期间为例，如表 1-1 所示。从表中可见，2006～2010 年全国废水排放总量和全国工业固体废弃物总量仍不断增加，废气中二氧化硫（SO_2）排放量呈现一定的下降趋势，这源于近年来我国政府在节能减排和环境治理方面进行了大规模的投资和整顿。"十一五"与"十五"比较而言，二氧化硫排放总量下降了 10%。改革开放以后，中国继续实施只强调经济增长的经济发展模式，在生产力技术水平低下的情况下片面追求经济效益，导致资源供给日益紧张，经济增长与环境恶化、资源不合理开发利用之间的矛盾日益突出，这已显著成为我国实现工业化和现代化的制约因素。从整体来看，我国经济增长主要依靠物质和劳动投入的增加，约占国内生产总值的 70% 以上，加之我国生产技术及管理水平、产业结构层次都比较低，经济结构不合理，不同区域间低水平重复建设等多方面原因，造成经济发展过程中呈现出投入大、消耗高、效率低的特点，并且环境污染不断加剧。国际金融危机再次为我们敲响了警钟，在此

[①] 根据历年中国统计年鉴相关数据整理。

次国际金融危机中，全球经济尤其是欧美经济的增速下滑对我国企业的出口产生了较大的负面影响。其中，一些技术水平落后、经营管理粗放、产品附加值比较低的企业受到了严重的冲击。过去，这类企业依靠廉价资源和劳动力成本优势而实现了"规模扩张"，但其核心竞争力和抵御市场风险的能力仍然较差，经济可持续发展受到挑战。

表1-1　　　　　　　　"十一五"期间环境污染及治理投资

年度	废水排放量（亿吨）	二氧化硫排放量（万吨）	全国工业固体废弃物（万吨）	环境污染治理投资总额（亿元）
2006	536.8	2588.8	151541.0	2566.0
2007	556.8	2468.1	175632.0	3387.6
2008	571.7	2321.2	190127.0	4490.3
2009	589.7	2214.4	203943.0	4525.2
2010	617.3	2185.1	240944.0	6654.2

资料来源：根据《2011年中国环境统计年鉴》相关数据整理。

我国独特的经济发展方式以及其中存在的危机和新的机遇是有其内在根源性的：①中国由于有沉重的人口包袱，加大就业成为经济发展的当务之急，因此中国成为世界加工制造中心，为世界各国制造了大量的商品，但污染却留在了中国；②中国正迈入工业化进程中的重化工时代，一个伴随着高污染、高消耗的时代；③中国过去很长时间政府在经济发展过程中过于强调经济的增长速度，忽视了可持续发展的重要性。2008年爆发的国际金融危机的事实证明，过去支撑我国经济发展的以粗放型经济增长为基础的经济发展方式是无法持续的，更不能复制到今后的发展道路中。发达国家工业化过程中几百年来分阶段出现的资源环境问题在中国短短30多年的改革发展过程中集中显现，这些问题已经开始对经济社会发展和人民生产生活产生不利影响，今后经济增长与资源浪费、环境恶化之间的矛盾会更加突出。

因此，中国已不能重走一些发达国家曾走过的"先污染、后治理"的道路。现在全球环境问题远严重于当年发达国家所面临的环境问题，而随着人们的环保意识不断增强，许多国家对产品设定了极高的环保要求。如果我国追求经济发展时仍片面地强调经济增长速度而忽视环境保护，将会严重影响产品出口以及经济发展的可持续性。所以，我国应该走"边发展、边治理"的道路，加大力度转变经济发展方式，加大对环境的规制力度，完善环境保护的政策措施，使我国经济能够持续、稳定、健康、快速地发展。中国政府决定到 2020 年建成资源节约型、环境友好型社会，资源节约型、环境友好型社会作为一种发展理念于 2005 年正式引入中国，其基本内涵可概括为：以环境和自然资源的承载力为基础、以自然规律为准则、以可持续的经济、技术以及文化政策为手段，致力于倡导人与自然、人与人和谐的社会形态，其基本目标就是建立一种高效的生产体系、适度消费的生活体系、持续循环的资源环境体系、稳定高效的经济体系、不断创新的技术体系、开放有序的贸易金融体系、注重社会公平的分配体系和开明进步的社会主义民主体系。2002 年第五次全国环保会议上国务院总理温家宝曾指出，应给予环境保护与经济发展同等重要的地位，应在发展经济的同时关注环境保护，而不是等到经济发展之后才关注环境保护。我国应该采取一系列环境措施，包括经济的和自愿的措施，而不仅仅是命令和控制式的法规手段和措施，在发展经济的同时对环境资源进行保护。所有这些手段都将推动环保行动的开展，行动朝着创新的方向发展，改变中国目前以服从为目标的环保措施，重新设计面向工业和社区的政策和激励手段。同样，只要有创新性的技术，无论是外来的还是本土的技术，我们都需要共同努力扩大这些技术的应用范围。新的创新技术能够随之出现，使中国在提高资源效率和创造更好的环境条件的同时，走向新的繁荣。

本书通过对我国经济发展过程中过度追求经济增长速度而导致资源滥用和环境破坏等问题进行分析，探讨了要转变经济发展方式必须建立以兼顾经济、环境、社会效益为标准，以保护环境资源为出发点，通过有效环境规制政策的制定来影响企业的生产和决策行为，促使企业在有效的环境规制下根据市场原则进行环境友好型技术创新行为，促进产业结构调整升级，推动经济发展方式的转变，从而有效保护和利用资源环境，实现经济、社会与环境的可持续发展。本书通过分析我国在改革开放三十年的经济高速增长过程中出现的大量环境问题，提出这些环境问题不仅是传统经济增长的产物，更深层次的原因是企业在追求个体利益最大化时忽视社会整体福利，任意浪费资源进行生产，导致大量排污对环境形成破坏。由于环境资源具有公共品和外部性等特征，无法依靠企业和个人自主解决环境问题，因此，需要由政府作为约束和激励的实施主体，引导企业改变生产方式，调整产业结构，最终实现整个社会的经济发展方式的转变。我国目前虽然有一定的环境保护的管理手段，但仍然主要以行政手段为主，污染控制效果和规制成本都离预期有较大差距。为了改善我国环境质量不断恶化的局面，必须制定有效的环境规制手段，选择合适的环境规制工具，在充分确保资源环境保护力度的同时，促进经济增长，改变我国经济发展方式，使环境资源利用与经济发展之间的矛盾得以解决。本书将通过大量的统计数据进行现状梳理，并运用严密的理论分析，力图为中国这样具有代表性的发展中转型经济体在处理环境规制与经济发展的"两难"问题上提供理论和实践支撑，最终提出一套合理的环境规制手段，在提高我国环境质量的同时推动经济发展方式的转变。

1.1.2 选题意义

（1）理论意义

本书将从理论角度揭示环境规制与经济发展之间相互作用及关系，并以相关理论为依托，为环境规制的政策选择提供理论依据，建立起从政府环境规制到环境友好型技术创新再到产业结构调整，最终促进经济发展方式转变的传导机制，论述了经济可持续发展观念的确立是实现环境保护和经济发展和谐统一的唯一有效模式。本书全面分析了不同的环境规制手段和工具，目的在于为中国这样的发展中转型国家，如何处理环境规制与经济发展之间的"两难"冲突问题，提供相应的理论借鉴，并特别强调了政府的环境规制对我国经济发展方式转型的重要作用，对环境规制与经济发展及经济发展方式转变的研究有一定的理论意义。

（2）现实意义

本书通过对我国近三十年的经济高速增长过程中出现的环境问题及环境恶化程度进行梳理分析，发现我国完全以行政手段为基础进行的环境规制的政策体系对环境污染控制效果不明显，而规制成本却较大，在具体的实施过程中企业存在一定抵制情绪，阻碍了我国经济发展速度。为了扭转环境质量进一步恶化的趋势，解决环境规制和经济发展之间存在的矛盾，我国需要建立一套健全的环境规制体系，结合规制中经济手段和行政手段的优点，大力推进环境污染治理的市场化进程，并通过实证分析探明政府开展环境规制与环境友好型技术创新、产业结构调整和经济发展方式转变的关系，拟通过数值结果表明，采取政府环境规制政策，确实是提升企业市场竞争力、实现产业结构升级的重要措施，并最终实现经济发展方式转变。这对于政府适时采取有效的环境规制政策、企业正确制定环境保护战略和环境友好型技术创新战略，都具有非常重要的现实意义。

1.2　相关概念的界定

本书在经济发展方式转变的框架下，在分析环境规制对企业的生产成本、环境友好型技术创新行为和产业结构等影响的基础上，通过理论分析和实证检验，具体分析环境规制和经济发展方式转变之间的关系。下面对本书主要涉及的几个基本概念进行准确的界定。

1.2.1　环境规制的概念界定

环境规制是政府规制中侧重于环境保护的一种方式。政府规制又称政府管制，是在产业规制体系中以政府为实施主体，为了达到某种社会经济目标，采取的各种具有法律约束力的限制、规范和约束等手段，对市场中的经济主体进行规制的措施，用于维持合理的市场经济运行秩序，提高资源配置效率，提升整体社会福利，以保护大部分公众的合法利益不受少数人的侵害。但对该概念理论界还存在一定的争议，维斯科西（Viscusi W. K，1995）等学者认为，"政府规制是政府通过强制性的制裁手段，对个人及组织的相关自由决策的一种限制。"[1] 政府所拥有的资源就是强制力，政府规制就是通过运用该种强制力限制经济主体的决策行为。丹尼尔·F·史普博（1999）则指出，"政府规制是通过行政机构制定并执行的，直接干预市场机制或间接改变企业和消费者供需决策的一般规则或特殊行为。"[2] 日本著名的产业经济学家植草益则认为"政府规制是指社会公共部门按照一定的规则对企业的各种活动进行规范的行为，这些社会公共部门一般是指

---

[1] Viscusi W. K J. M. Vernon, J. E. Harrington, Economics of Regulation taxation and Antitrust [M]. The MIT Press, 1995：295.

[2] 史普博. 管制与市场 [M]. 上海：上海三联书店，1999：45.

政府。"① 无论如何定义，概念上的主要差异在于阐述的侧重点有所不同，但政府规制的主要特点是一致的，即：①政府规制的主体是由政府承担的；②政府规制的客体则是由市场经济运行中的主体，其中包括企业和消费者，但主要是企业构成的；③政府规制对市场交易具体机制有着直接影响；④政府规制在执行过程中是存在成本的。

当我们把政府规制细化到环境规制的概念上，潘家华在其《持续发展途径的经济学分析》一书中给出了环境规制的定义，即"环境管制是政府以非市场途径对环境资源利用的直接干预。行政管制的形式有很多，如禁令，明令禁止某些生产经营活动或资源利用与排污；非市场转让性的许可证制，规定只有许可证持有者才可以生产或排污，但这种许可不准在市场上交易。有的干预要求某些污染生产工艺或技术必须被淘汰，某些新的污染治理设备必须装配于生产工艺中"②。并阐述了环境规制的具体特点："第一，在于对生产和消费过程中所涉及污染活动的直接干预，不考虑企业之间成本与收益的差别，对所有的企业的要求为一刀切。第二，这些直接干预，都带有法定性质，一旦不遵守，就会有严重的法律和经济后果，所承担的责任风险远远高于控制成本或边际收益。第三，或是说最为明显的特征，是中央集权式的运行管理机制。环境标准的制定及执行均是由政府行政当局一手操办，当局可能要了解一些市场状况和企业经营情况，但市场和企业在严格的行政管制中没有活动余地"③。但此定义存在一定的局限性：一是基于政府规制特点，政府规制过程中既可以采用行政手段（如技术标准、数量标准等），也可以使用经济手段增加企业违规成本（如排放税、排污权交易等）；二是政府既可以采用直接干预手段，也可以通过环境广告和其他宣传手段进行间接干预。因此，赵红（2006）对环境规制的概念进行了进一步阐述，认为"环境规制是指由于外部不经济性导致环境污染存在，政府通过制定相应政策法规对企业的经济活动进行调节，以达到保持环境和经济发展相协调的目标。"④ 王齐（2005）则提出，"政府对资源利用包括直接和间接干预两种工具，既可以选择行政法规，也可以选择利用市场机制影响厂商和消费者的经

① 植草益. 微观规制经济学 [M]. 北京：中国发展出版社，1992：1－2.
② 潘家华. 持续发展途径的经济学分析 [M]. 北京：中国人民大学出版社，1993：151.
③ 潘家华. 持续发展途径的经济学分析 [M]. 北京：中国人民大学出版社，1993：152.
④ 赵红. 环境管制的成本收益分析 [J]. 山东经济，2006，2.

济性手段。"①

　　综上所述，根据前文对政府规制和环境规制的定义的分析，本书所使用的环境规制概念是指：政府通过经济性或社会性的手段，对厂商或公民的造成环境污染的经济活动进行直接或间接干预和调节，把环境污染带来的外部不经济性降至最低，优化资源配置，提高环境资源的使用效率，以达到环境和经济可持续发展的目标。本书所使用的定义指出环境规制的根本目标是增强环境保护和提高资源环境的利用效率，并且明确规制主体是政府，规制范围是厂商或公民的造成环境污染的经济活动，规制手段则包括了市场或非市场手段。

1.2.2　经济发展方式的概念界定

　　党的十七大报告中指出要加快转变经济发展方式，十七届五中全会进一步把加快转变经济发展方式作为"十二五"时期我国经济社会发展的主线，并指出加快转变经济发展方式是我国经济社会领域的一场深刻变革，必须贯穿经济社会发展全过程和各领域，提高发展的全面性、协调性、可持续性。

　　而在过去一个时期，我们曾着重讲转变经济增长方式。那么经济增长方式的准确的定义是什么呢？经济增长方式是指一个国家或地区通过各种生产要素投入量的组合和生产流程的改变等具体的实现经济增长的模式，经济增长方式既包括由于投入数量的增加导致的增长，也包括由于生产效率的提高而形成的增长，前者称为粗放型经济增长方式，后者称为集约型经济增长方式。在以往的经济学书籍中，曾将经济增长与经济发展作为等同的概念来使用。但在经济不断增长的过程中人们逐渐发现，某些国家 GDP 增长了，经济社会却没有得到相应发展，反而出现了大量的环境污染、资源浪费、社会事业发展滞后、贫富分化严重、社会矛盾加剧等问题，导致了有增长而无发展的情况。于是，人们将经济增长与经济发展作为既有联系又有区别的两个概念区分开来：经济增长是指社会物质生产的发展，而经济发展既包括社会物质生产的发展，也包括人们物质福利水平的提高、经济结构的优化、社会结构的改善、环境的治理和美化、收入分配的合理化等，其中最重要之一就是环境质量的提高，最终实现经济体系的协调发展以及整个经济社会全面协

　　① 王齐. 环境管制对传统产业组织的影响 [J]. 东岳论丛，2005：1.

调可持续发展。可见，经济发展比经济增长的含义更丰富，而经济增长则是经济发展的基础和前提。经济发展方式的转变除了涉及经济增长方式的转变之外，还需要统筹兼顾处理好经济与社会、人与自然等关系。在党的十七大报告中既讲转变经济发展方式，也提及转变增长方式，特别指出我国"粗放型增长方式尚未根本改变"，并从当前的发展实际出发，提出要"加快转变经济发展方式，推动产业结构优化升级"，用"转变经济发展方式"代替了过去的"转变经济增长方式"。① 可见，加快转变经济发展方式是形势所迫、大势所趋。以粗放型经济增长为基础的经济发展方式转变为以集约型经济增长为基础的经济发展方式是经济发展方式转变的手段，通过经济发展方式的转变，实现我国经济又好又快的全面协调可持续发展是我国现在经济政策追求的根本目标。通过市场机制对环境资源的优化配置，通过政府在政策上宏观调控，使我国经济在未来的发展过程中能够提高环境质量、促进生态平衡、调整产业结构以及不断地提高经济增长速度，最终实现经济社会的可持续发展。

中央提出和强调转变经济发展方式，是以转变经济增长方式为基础的，因为经济增长方式不转变，经济发展方式就不可能转变。经济发展方式的转变不仅要求经济增长方式由粗放型向集约型转变，而且要求从过去片面的追求经济增长总量的提高和增长速度的加快转为强调经济结构的优化提高和经济社会的协调性，可见，经济发展方式转变的内容比经济增长方式转变要更丰富。我国经济增长方式转变的推动力是引进技术、提高资源投入的数量与利用效率，而经济发展方式的推动力是制度创新、知识自主创新、扩大公众福利、发展循环经济、产业结构优化等。在制度创新上，要界定政府干预的经济领域、明晰产权、制定有效率的法规与政策，明确自主创新的路线与定位、加强创新型人才培养、提高创新回报的社会环境、建立知识创新体系；在经济活动上，要严格执行资源利用减量化、再使用、再循环、再生产、再开发和多种模式发展循环经济，实现三次产业间循环、工业园区循环、社会循环；在经济结构优化上，要不断优化产业结构、城乡结构、区域结构、收入分配结构等。经济增长方式是在增长中求发展，增长以快以多为先为重，发展为后为轻；经济发展方式是在发展中求增长，发展为先为重，增长为后为轻，认为单纯的经济增长并不能使社会结构得到改善，也不能给人民带来

_____

① 卫兴华. 经济发展方式与经济增长方式的关系 ［N］. 人民日报，2011 - 02 - 14.

所期望的福祉，相反，却会出现高增长下的"有增长无发展"和增长不可持续等问题。因此，我们必须从发展中求增长。

　　综上所述，根据以上对经济增长和经济发展方式的比较分析，本书主要从其基本内涵角度分析，认为经济发展方式应包括三个方面的内容：①经济发展的根本动力；②经济发展的具体结构；③经济发展的调节机制。因此，本书所使用的经济发展方式准确定义是指：在一定经济体制条件下，在一定生产力发展水平下，影响持续经济发展状况、质量及系统整体效能的劳动力、资本、环境资源、人口及其他生产要素等诸多动力因素的配置及其结构形态。转变经济发展方式，概括地说就是要使生产力发展由高投入、高消耗、高污染、低产出、低质量、低效益转向低投入、低消耗、低污染、高产出、高质量、高效益，包括生产力发展途径与方式的转变，如经济结构调整、产业结构优化升级、科技进步、管理创新、发展高新技术产业和战略性新兴产业、提高劳动者素质、实现可持续发展等。这些内容非常重要，但只重视这些内容是不够的。转变经济发展方式还包括社会发展和社会经济关系发展的内容，比如教育的发展与普及、社会保障体系建设、居民医疗保健以及防止和消除两极分化、重视人的全面发展、走共同富裕道路等。可以说，加快转变经济发展方式就是要走科学发展道路，更加注重以人为本，更加注重全面协调可持续发展，更加注重统筹兼顾，更加注重保障和改善民生，促进社会公平正义。本书对经济发展方式转变框架下的环境规制进行研究，其重点在于理清环境规制与促进经济发展方式转变的关系，研究如何通过环境规制进一步提高生产力，促进技术进步与管理创新，优化调整经济结构，从而推动经济发展方式转变。

1.3　研究思路和主要内容

1.3.1　研究思路

　　本书以环境经济学、产业经济学和新制度经济学等理论为研究基础，结合我国市场经济发展的实际状况，运用理论分析与实证分析相结合的方法，基于环境库兹涅茨理论模型研究我国经济发展方式的转变和环境规制政策之间的相互关系。根据格罗斯曼（Grossman）（1995）的观点，长期的经济发展过程通过规模效应、结构效应和技术（减排）效应作用于环境质量，使得环境污染物的排放具有先增后减的倒 U 型特征。① 通过对政府的环境规制、技术创新和经济发展方式转变的基础理论的梳理，力图在理论上建立从政府环境规制——环境友好型技术创新——产业结构调整的传导机制，最终实现经济发展方式的转变的目标。通过对环境规制的相关资料的采集，力求在实践基础上研究环境规制与经济发展方式转变之间的内在联系，检验两者之间的相关关系，从而提出合理环境规制手段确保能够有效促进经济发展方式转变。本书的研究思路如图 1-1 所示。

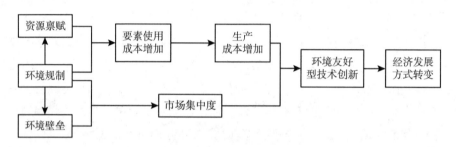

图 1-1   本书的研究路线

1.3.2   研究内容及章节安排

本书通过 8 章内容进行具体阐述，以规制经济学、环境经济学和新制度经济学为理论基础，使用规范分析与实证分析、历史分析与逻辑分析、定量分析与定性分析和逻辑推理与归纳统计方法相结合的多种研究方法，探讨了从环境规制——环境友好型技术创新——经济发展方式转变的传导机制，并把相应的结论用于政府的制度安排，以期通过有效的环境规制制度制定，达到环境保护的目的，同时促进我国经济发展方式的转变，最终实现经济社会可持续发展。

第 1 章导论。本章首先介绍了我国经济增长速度不断加快，资源环境日趋恶化的客观事实，并以此作为本书的研究背景，提出了政府环境规制的必

---

① Grossman, G. , and Kreuger, A. . Economic Growth and the Environment ［J］. Quarterly Journal of Economics, 1995, 110（2）: 353 -377.

要性及其对转变经济发展方式的影响，从理论视角提出环境规制和经济发展的相互关系，在该理论基础上形成有效的环境规制制度以促进经济发展方式的转变是本书的研究意义。为了能准确地对环境规制及经济发展方式进行分析，在本章对环境规制和经济发展方式的概念进行了界定，并概括性地阐述了本书的研究思路和基本方法、研究内容和章节的安排以及论文可能存在的创新点以及不足之处。

第2章相关理论综述。本章主要对马克思的政治经济学、西方经济学、产业经济学及新制度经济学等多个理论体系中涉及经济发展方式、环境规制及二者间关系的相关理论进行梳理和总结，为本书后面的问题分析提供理论支撑。

第3章经济发展方式转变与环境规制的变迁及分析。本章首先对我国经济发展的历程进行了梳理，根据我国经济发展方式的不同特征和所处的不同时期，总结了不同阶段我国政府环境规制的手段特征及变化。根据对发展历程的回顾，找到环境规制与经济发展方式之间存在的内在关联性，提出了环境规制对经济发展方式的影响机制。

第4章经济发展方式转变背景下构建环境规制体系的必要性。本章首先提出转变经济发展方式是经济发展的必然要求和必然过程，从市场的角度对经济发展方式转变的制度基础和可持续经济发展的制度基础进行分析。然后提出环境规制体系是社会主义市场经济体制的必要组成部分。最后分析了我国经济发展方式转变背景下构建环境规制体系的客观必然性。

第5章促进经济发展方式转变的环境规制体系的基本框架。本章首先通过对我国改革开放三十多年的经济发展的数据进行统计分析，定性地提出环境规制体系的建立能够促进经济发展方式的转变，并提出环境规制促进经济发展方式转变的传导机理以及不同环境规制工具的作用和特征，比较了行政化和市场化环境规制工具的关联性和差异性。最后，提出了根据我国不同区域所具有的不同生态环境特征进行的生态功能区划分，选择差别化的环境规制工具组合。

第6章环境规制对环境友好型技术创新影响的经济分析。本章提出环境规制对经济发展方式的影响是以环境友好型技术创新作为媒介的，环境友好型技术创新是解决环境与发展矛盾的根本途径。然后，分析了环境友好型技术创新的内涵、主体和动力机制，剖析环境规制如何使企业的生产成本和市场进入壁垒提高，从而激励企业环境友好型技术创新行为的产生，并分析不同环境规制的强度如何影响企业技术创新行为。同时，本章论述了环境规制对环境友好型技术创新的直接影响机制；按照环境规制提高传统产业市场集中度，较高集中度有利于环境友好型技术创新的思路，论述了环境规制对环境友好型技术创新的间接影响机制。

第7章环境友好型技术创新对经济发展方式影响的经济分析。本章分析了环境规制诱发的技术创新对经济可持续发展的作用。我国环境友好型技术创新一方面可以通过提高资源环境利用效率的方法即节约使用、循环使用和再利用的方式减少对自然资源环境的耗损速度；另一方面可以通过对资源环境的替代性产品的开发，而减少对资源环境的利用强度。具体分析了环境友好型技术创新对经济发展方式转变的具体作用，技术创新对于发展循环经济、绿色经济和低碳经济都有促进作用，是环境规制与经济发展方式转变有机结合的纽带。

第8章环境规制与经济协调发展的战略对策。本章基于促进环境友好型技术创新、推动经济发展方式转变、实现经济可持续发展的角度来论述应该如何完善我国的环境规制政策。首先，分析了环境问题的实质是环境资源的稀缺和经济发展之间的矛盾，从政府和市场两个角度论述了我国环境规制政策制定和实施中的有效性不足的问题，提出必须构建可持续发展的制度体系。在此基础上，提出环境保护与经济协调发展的战略对策，包括建立市场激励体制、财税政策、环境友好型技术创新政策，以及推动环境资源利用中的公平性等环境规制政策，在环境规制不断完善下最终实现经济社会可持续发展。

1.4　研　究　方　法

1.4.1　规范分析与实证分析相结合

本书利用规制经济学、环境经济学和新制度经济学等相关理论研究的研究方法进行严密的推理分析，探讨环境规制与经济发展方式转变之间的关系和相互作用，但由于理论分析的假设前提往往与现实状况有所偏差，所以需要在实践中进行检验。因此，本书将理论分析模型运用到实际的政府环境规制的应用中，检验相关理论的应用工具与结论是否能够解决现实问题，并在实践中进行策略调整。

1.4.2　历史分析与逻辑分析相结合

本书在研究环境规制对经济发展方式影响的问题时，首先对新中国成立后至今的经济发展的历程进行梳理，同时分析了在我国经济发展的不同阶段环境规制的不同特征，从历史中寻找环境规制对经济发展方式转变的作用规律，通过对规律的把握指导未来的政府环境规制制度的制定，使未来经济发展过程不再重蹈"重增长，轻发展"的覆辙，通过有效的环境规制制度，实现全面、健康、快速的可持续经济增长。可见，通过研究我国环境规制与经济发展方式的发展历史，在历史中总结经验教训，可以指导未来的方针策略的制定。

1.4.3　定性分析与定量分析相结合

定性分析就是运用归纳和演绎、分析与综合以及抽象与概括等方法，对获得的各种材料进行思维加工，从而能去粗取精、去伪存真，由此及彼、由表及里，达到认识事物本质、揭示内在规律，最终达到对事物"质"的把握，揭示事物间的相互关系。但是定性分析往往比较笼统模糊，实践中缺乏可操作性，因此在研究过程中，以定量代替定性的科学方法是人类认识对象由模糊变得清晰起来，由抽象变得具体。本书通过定性分析的方法阐述了环境规制与经济发展方式之间的内在联系及相互作用，通过环境统计数据进行模型设计、图形显示和表格说明等对环境规制对经济发展方式的影响进行定量分析，通过定性分析与定量分析相结合的方法来阐述事物的本质。

1.4.4　逻辑推理与归纳统计方法相结合

理论研究中，在现有的理论和研究的基础上进行逻辑推演、得出相关结论。在实证研究中，假设的提出和相关实证模型的建立在理论研究的基础之上的，但对假设的验证主要通过相关数据进行归纳和统计分析。本书在理论研究的基础上推理出环境规制与经济发展方式之间的关联性和相互作用，并通过大量的环境统计数据和经济发展统计数据对此进行归纳验证。

1.5　本书的主要创新点及不足之处

1.5.1　本书的主要创新点

本书有以下几个可能的创新之处：

①建立了基于经济发展方式转变的环境规制分析框架。现有的理论往往把环境规制和经济发展方式转变割裂开进行分析，尽管部分文献也谈及环境保护是经济发展的要素之一，但并没有相关理论把二者统一起来研究以转变经济发展方式为目的的环境规制政策。本书基于环境规制影响环境友好型技术创新，从而影响经济发展方式转变的分析思路，提出政府通过环境规制工具的选择和制定相应环境规制政策对企业行为进行引导和约束，从而达到环境保护的目的，建立起基于经济发展方式转变的环境规制分析框架。

②系统的建立了从政府环境规制——企业环境友好型技术创新——经济发展方式转变的传导机制，在理论上具有一定的创新性，现实中也能为政府制定环境规制政策提供依据。本书以解决环境保护与经济发展速度的矛盾性作为研究出发点，以通过有效的环境规制政策制定促进经济发展方式转变为根本目的，以企业的环境友好型技术创新行为作为媒介，论证不同的环境规制政策对企业的环境友好型技术创新的激励机制，进而推动产业结构升级，最终形成经济发展方式转变的推动机制。

③归纳了我国不同经济发展时期环境规制的变迁过程。有大量文献对我国的经济发展方式的转变过程进行整理，也有文献对我国的环境规制的历史沿革进行了整理，但缺少针对在不同的历史时期，不同的经济发展方式下我国所采用的不同环境规制政策及其成效的梳理。本书在对我国制度变迁下经济发展方式转变过程分析的基础上，梳理了不同经济发展模式下的环境规制的发展历程，提出了环境规制经历了"计划经济体制＋外延式经济发展方式下的环境规制""有计划的商品经济体制＋外延式经济发展方式下的环境规制"和"市场经济体制＋混合型经济发展方式下的环境规制"三个阶段，并分析了不同阶段的环境规制的成效。

④揭示了环境友好型技术创新是解决环境规制与经济发展之间的矛盾的根本路径。经济发展的快慢与资源环境之间则存在着牢不可破的相互关系，经济规模的扩大、增长速度的不断提高、人们生活需求提高等经济发展因素对环境资源形成胁迫效应，因此政府必须选择环境规制手段进行环境保护，环境污染和环境政策又对经济发展形成约束效应。本书提出，既不降低经济发展的速度又能保证环境质量必须通过环境规制政策的制定，从直接和间接机制两个方面激励企业进行环境友好型技术创新活动，既实现提高劳动生产率和产业结构升级的目标，同时实现环境保护的目标，最终通过不断的技术创新活动促进经济发展方式的转变。

⑤提出了相关环境规制政策对经济发展方式转变的制度性作用，具有一定的现实指导意义。本书将环境规制作为政府的一种强制制度，论述了环境规制促进环境友好型技术创新活动，从而推动经济发展方式转变的制度性作用，通过建立环境资源核算体系、运用行政约束和市场激励的不同手段、制定财税政策、建立环境技术创新体系等制度性手段，最终促进资源节约、环境友好、社会和谐的可持续发展，推动我国经济发展方式的根本性转变，形成环境保护和经济社会发展和谐统一的有效模式。

1.5.2 本书的不足之处

①由于受到研究时间和研究条件的限制，获取全国的环境资源和环境污染的统计数据非常困难，而经济发展的表现因素众多且没有完全统一，所以也影响到了数据的收集，在一定程度上使作者对相关问题的研究不够全面和精确。

②客观上由于统计资料不够全面，相关数据在时间点上缺乏长期性和连续性，论文较为缺少计量分析方法，这使得论文更多以定性分析、理论分析、比较分析等方法为主，在论证方面显得不够全面，这也是本书以后需要继续研究和扩展的主要方面。

③在如今我国乃至世界都极其重视环境保护问题的背景下，研究经济发展方式转变框架下的环境规制具有重要意义，这样的重要研究需要涉猎众多方面，本书只是以环境规制对经济发展方式转变的传导机制作为主要研究内容，还有一些需要扩展的方面，将在以后的研究中加以完善。

第 2 章

相关理论综述

经济发展理论是经济学理论重要的组成部分，经济发展理论中最主要理论——经济增长理论最早可追溯到人类早期如何使财富不断增长的探讨，也就是后来我们所说的经济增长问题。经济增长理论不断向前发展，各经济学流派也都把经济增长方式作为重要的问题来研究，带动了经济增长方式理论的不断创新。但随着经济的高速发展，造成严重的水土流失、空气污染、土地沙化等环境问题，人们认识到经济发展与环境资源之间存在着密不可分的联系，开始重新思考经济增长速度和经济发展方式的问题。特别是进入到工业化进程中的发展中国家，人口迅速增长、不可再生资源的过度耗费、生态环境缺乏有效保护等问题极大地影响着发展中国家的经济发展方式的选择。近年来，关于经济发展方式转变问题的研究越来越引起理论界的高度关注。人们通过合理的转变经济发展方式，以期寻求一种建立在环境和自然资源可承受基础上的长期发展的模式。

2.1 马克思主义经济发展与环境关系的研究综述

2.1.1 马克思关于经济发展方式的研究

马克思对经济发展方式问题的研究源于他对英国古典经济学理论体系的批判和继承，魁奈的《经济表》、斯密的《国富论》等关于经济增长的思想都对马克思产生了巨大影响。在这些理论基础上，他对社会再生产问题进行了深入的研究和探索，创立了马克思主义经济发展理论的基本框架，为经济发展方式理论研究做出巨大贡献。

对经济发展方式这一问题的研究主要为马克思主义经济学家所运用，尽管在马克思的著作中并没有明确地使用经济发展方式这一概念，但此理论源于马克思，被苏联和东欧国家在体制转轨研究中明确提出。马克思对资本主义制度的经济运行规律进行宏观研究的同时，也对其微观的生产方式进行了分析，一些理论思想正是我们现在所说的经济发展方式的理论来源。马克思对经济发展方式的认识反映在三大理论里面，分别是：剩余价值理论、地租理论和扩大再生产理论。

（1）剩余价值理论对于经济发展方式的探讨

马克思通过对剩余价值生产方法进行研究，揭示出经济增长的两种不同方式：绝对剩余价值生产和相对剩余价值生产。"由于劳动日延长而生产的剩余价值，我把它叫作绝对剩余价值。但若剩余价值是由缩短必要劳动时间产生，由劳动日两部分在量的比例上发生变化而产生，我便把它叫作相对剩余价值。[①]"马克思在论述绝对剩余价值与相对剩余价值的相互关系时指出，"绝对剩余价值的生产构成资本主义体系的一般基础，并且是相对剩余价值生产的起点。[②]"从剩余价值的生产过程来看，马克思认为社会劳动生产率的提高是无数资本家追逐超额剩余价值的结果，这种原动力激励着资本家主动的研发和采用新技术、改进生产经营管理模式，不断提高劳动生产率。因此马克思认为从资本家的角度看外延扩大再生产和内涵扩大再生产两种不同的生产方式，实际上就是绝对剩余价值生产和相对剩余价值生产，由于相对剩余价值的生产是基于劳动生产率为前提的，所以带有集约化的特征。

（2）地租理论对于经济发展方式的探讨

马克思在《资本论》中研究资本主义级差地租时，借鉴了李嘉图等在地租理论中的粗放和集约概念[③]，在分析级差地租产生的基础时，马克思提

---

① 马克思. 资本论（第一卷）［M］. 北京：人民出版社，1975：551.

② 马克思. 资本论（第一卷）［M］. 北京：人民出版社，1975：557.

③ 粗放与集约的概念，在大卫李嘉图那里，虽然尚无明确的概念，但他在《政治经济学及赋税原理》一书中，所论述的有关思想是确定的。李嘉图指出："地租总是由于使用两份等量资本和劳动而获得的产品之间的差额。"他还告诉我们，等量的资本和劳动投入所带来的产量的差额有两种情况：一种是等量的资本和劳动投在不同的地块上所带来的各块地产量的不同；另一种是等量的资本和劳动，连续地投在同一地块上所带来的各次产量不同。李嘉图将这两种情况称之为农业的两种耕种方式即对粗放和集约的最初解释。

出"粗放耕作"和"集约化耕作"两种经营方式。马克思指出："在经济学上，所谓耕作集约化，无非是指资本集中在同一土地上，而不是分散在若干毗连的土地上……集约化耕作，也就是说，在同一土地上连续进行投资。"①从农业生产经营方式角度看，马克思认为："由于自然的耕作规律，当耕作已经发展到一定水平，地力已经相当消耗的时候，资本……会成为土地耕作上的决定性因素"②。可耕地越来越少，生产能力的增长受到了土地数量的限制：一方面，来自土地的有限性和不可再生性使得资本无法分散投资在不同土地上；另一方面，土地所有权关系的存在和土地被他人占有，是对资本在不同土地上任意增加的人为限制。因此，如不转变农业生产经营方式，不仅无法促进农业和社会经济的发展，反而会造成对土地的进一步破坏，因此农业的生产经营方式不得不从粗放型经营转化为集约型经营。级差地租Ⅰ的粗放耕作方式依靠增加土地、劳动力等生产要素的投入实现产量增长；级差地租Ⅱ的集约耕作方式则依靠科技进步、提高劳动生产率实现产量增长。

（3）扩大再生产理论对于经济发展方式的探讨

马克思的社会再生产理论在经济增长理论上占有重要位置，在再生产理论中着重分析了扩大再生产的生产方式，他抽象描述了通过两部类内部和两部类之间的相互交换及资本积累保持规模不断扩大的再生产的过程。马克思认为，资本再生产的本质是扩大再生产，资本积累本质上是资本主义生产关系的扩大再生产，其追求的是在扩大再生产过程中，资本家无偿占有的剩余价值，并不断扩大资本规模和增加对工人的剥削，从而占有更多的剩余价值。"积累，剩余价值转化为资本，按其实际内容来说，就是规模扩大的再生产过程，而不论这种扩大是从外延方面表现为在旧工厂之外添设新工厂，还是从内涵方面表现为扩充原有的生产规模。③"在剩余价值转化为资本过程中，资本积聚、集中及资本积累的发展，为技术创新，使用先进的生产设备创造了条件。资本有机构成不断提高，相对剩余价值生产成为资本主义主要的生产方法，不断推动生产技术革命和社会组

---

① 马克思，恩格斯．马克思恩格斯全集（第25卷）[M]．北京：人民出版社，1975：760 - 771．

② 马克思．资本论（第3卷）[M]．北京：人民出版社，1975：762．

③ 马克思，恩格斯．马克思恩格斯全集（第24卷）[M]．北京：人民出版社，1975：356．

织变革，资本家在竞争中追逐更多利润，大大促进了资本主义生产进一步社会化。

从上述对马克思关于经济发展方式研究的回顾可以发现，马克思的经济发展理论是在分析资本主义经济运行规律过程中建立的。西方经济理论在研究经济发展方式时，一般不使用经济发展方式这一概念，而使用与之相关的概念——经济增长因素，主要通过分析不同因素对经济增长的贡献来认识经济发展问题。马克思对经济发展方式问题的研究主要集中在微观层面，绝对剩余价值的产生过程、粗放耕作方式和外延式扩大再生产都是我们现在的以粗放型经济增长为基础的经济发展方式的微观表现；而相对剩余价值的产生、集约耕作和内涵式扩大再生产则是以集约型经济增长为基础的经济发展方式的微观表现。从这个角度出发，宏观层面上经济发展方式的转变可以建立在微观企业生产方式转变的基础上，这为我国经济发展方式转变提供了有益的解决思路。

2.1.2　马克思经济发展理论中关于环境的研究

马克思、恩格斯在对社会经济发展的研究中已经注意到人类的经济活动对自然环境的影响。马克思、恩格斯认为，由于劳动工具被普遍采用，使得生产力水平不断提高，生产规模不断扩大，人类对耕地的需求不断扩大，因此出现了大面积地通过开垦使草原、森林转化为耕地的运动，在一定范围内造成生态破坏。"耕作如果自发地进行，而不是有意识地加以控制，接踵而来的就是土地荒芜。"① 马克思、恩格斯认为，违背自然规律的生产活动，就会对环境进行破坏，人类之所以比其他动物强，源于"能够认识和正确运用这些自然规律"②，"人则通过他所作出的改变来使自然界为自己的目的服务，来支配自然界……但是我们不要过分陶醉于我们对自然界的胜利。对于每一次这样的胜利，自然界都报复了我们。"③

马克思在关于经济发展方式的研究中提出劳动是推动经济发展的首要因素，同时分析劳动与自然环境的关系时提出，"劳动首先是人和自然之

---

① 马克思，恩格斯. 马克思恩格斯全集（第 32 卷）[M]. 北京：人民出版社，1975：53.
② 马克思，恩格斯. 马克思恩格斯全集（第 20 卷）[M]. 北京：人民出版社，1975：518 - 519.
③ 马克思，恩格斯. 马克思恩格斯全集（第 20 卷）[M]. 北京：人民出版社，1975：321.

间的过程，是人以自身的活动来引起、调整和控制人和自然之间的物质变换的过程。"① "劳动是为了人类的需要而占有自然物，是人和自然之间的物质变换的一般条件，是人类生活的永恒的自然条件，因此，它不以人类生活的任何形式为转移，倒不如说，它是人类生活的一切社会形式所共有的。"②

马克思认为，人与环境之间是主、客体的关系，人是主体，环境是客体。人类社会的经济增长同自然生态环境之间存在着深刻的物质变换关系。"动物仅仅利用外部自然界……而人则通过他所作出的改变来使自然界为自己的目的服务，来支配自然界……不要过分陶醉于我们对自然界的胜利，对于每一场这样的胜利自然界都报复了我们。"③ 在没有掌握规律时的经济发展就会破坏环境，如自发的大面积耕作造成土地荒芜，工厂为了节约成本把污水排入城市等，只有 "通过城市和乡村的融合现在的空气水和土地的污毒才能排除。"④ 因此，环境与经济增长的关系是研究经济发展过程中必须进行有效协调的。对于人类社会经济发展的可持续性必须充分考虑自然环境这个变数，以及技术创新及生产工艺的重要作用。尽管生产方式的改变和技术进步可能在一定程度上会对环境造成破坏，但如果没有环境技术创新和生产流程的支撑，经济的快速发展必然会对环境造成更加严重的破坏。

2.2　西方经济学经济发展与环境关系的研究综述

人们很早就认识到了经济发展与环境之间存在密不可分的联系，但真正引起人们对此进行极大的关注始于工业革命之后，片面地追求高速经济增长，导致大量自然资源的消耗和环境质量的急速恶化，使人们认识到经济发展在一定程度上不可避免地会对环境造成影响，经济发展与资源环境的关系的讨论由此而展开。由于人们所处的社会发展阶段不

---

① 马克思，恩格斯. 马克思恩格斯全集（第20卷）［M］. 北京：人民出版社，1975：201 - 202.

② 马克思，恩格斯. 马克思恩格斯全集（第23卷）［M］. 北京：人民出版社，1975：208 - 210.

③ 张薰华. 经济规律的探索［M］. 上海：复旦大学出版社，2000：103.

④ 马克思，恩格斯. 马克思恩格斯全集（第20卷）［M］. 北京：人民出版社，1975：321.

同、科技发展水平存在高低之分以及个体的认识能力和角度的差异，西方经济学主要研究的经济发展中经济增长与环境之间的关系的侧重点有所不同，得出的结论也有所不同。现实中，就经济发展方式与资源环境的关系而言，从单纯追求数量型的经济增长的传统经济发展模式到逐渐重视资源、环境与可持续的经济发展模式，人类经历了一个漫长的经济发展方式的转变过程。

2.2.1　古典学派关于经济发展与环境的关系研究

古典学派对经济发展与环境的关系有所研究，只不过，早期的经济发展考虑因素较少，而主要集中在经济增长问题的研究上。早在 1778 年马尔萨斯出版的《人口管理》中就提出了基于土地报酬递减规律的土地的质量和数量对经济增长的抑制作用。他认为：人口趋于几何级数增长，而由于土地资源数量有限，生活资料只能以算术级数增长，无法赶上人口的增长速率，导致人口只能维持低收入水平的平衡，如果人口无限制地增长，必然有一天会超过自然资源的供给极限，不仅使自然资源遭受严重的破坏，人口的数量也会出现急剧下滑，即所谓的"马尔萨斯人口陷阱"。当然在马尔萨斯分析过程由于受当时的发展水平的限制，没有考虑到由于技术进步的因素带来的经济高速增长而对人口过快增长的弥补作用。同时代的李嘉图在其代表作《政治经济学及赋税原理》中分析了经济增长和资源环境的关系。李嘉图认为当粮食产量增加到一定水平后，无论通过技术创新对现有土地的进一步利用，还是向劣等土地的扩展，边际报酬率都必然不断下降。李嘉图认为尽管技术创新能够弥补人口增长与自然资源产出增长间的速度差异，但技术创新的作用是暂时的。由于李嘉图的增长理论是建立在资源利用的边际报酬递减理论的基础上，因此一个国家的经济增长最终约束归结为自然资源的约束。

一个区域的经济增长的极限来源于对生态资源的短缺、自然资源的破坏及不可再生资源的利用，但这些内容并没有在马尔萨斯和李嘉图的理论中充分反映出来。到 19 世纪 70 年代，李嘉图经济增长理论在经济思想界无法再起到决定性的作用，逐渐地，土地等自然资源不再被作为经济增长的限制性要素，而劳动力、技术创新、生产规模化等要素开始受到关注。

2.2.2　现代经济理论中关于经济发展与环境的关系研究

19世纪70年代，英国剑桥学派马歇尔把古典学派的生产费用价值决定论和边际效用价值决定论融合起来，提出新的价格决定论，开始形成一个新的经济学流派——新古典经济学。新古典学派以资源稀缺性作为分析的理论前提，认为边际效用递减规律是解释经济现象的根本基础，并使用这一规律对市场价格、购买行为以及资源的最优配置问题进行解释，但是包括新古典经济学在内的现代主流西方经济学在研究和分析经济增长时都没有对资源环境要素进行探讨，大部分经济学家都认为资源环境对经济增长不存在重要的影响作用，而研究的重点主要集中于技术创新、资本投入和相关制度等。但随着经济发展速度的不断加快，经济规模总量不断扩大，环境资源总量则没有增长甚至随着使用量的增加而缩减，全球范围内的资源和环境问题日趋严重，大量由于环境问题引起的社会公众事件引起了人们对资源环境问题的广泛关注，人们开始重新审视自然资源环境要素对经济增长的内在意义。

(1) 增长的极限论引起的经济增长和环境的关系研究

巨大的环境压力使人们开始反思进入文明社会以来所走过的道路，首次引起人们关注的是1972年由罗马俱乐部出版的《增长的极限》(*The Limits to Growth*) 一书，该书由持有经济增长必然带来环境损害的加剧观点的代表性经济学家梅多斯（Meadows）接受罗学马俱乐部的委托与他人合作完成。该书从人口、工业生产、农业生产和资源环境等多个方面阐述了在人类发展进程中，经济增长模式给地球及人类自身带来的毁灭性打击，代表了如博尔丁（Boulding）、米山（Mishan）及杰奥尔杰斯库·沃根（Georgescu Roegen）等一些学者的观点，他们认为"经济增长和环境问题之间存在着不可避免的矛盾与冲突，即一种此消彼长的矛盾关系——选择了保护资源环境，则需牺牲经济增长；如果追求经济增长，就必须接受环境遭受破坏的后果。"[①] 用图形表示就类似于GE曲线（见图2-1)[②]。

---

① Lecomber, Economic growth versus the environment. Macmillan [M]. London, 1975：178 – 199.
② 潘家华. 持续发展途径的经济学分析 [M]. 北京：中国人民大学出版社，1997：43.

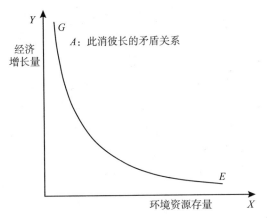

图 2 - 1　经济增长与环境资源存量的关系（悲观观点）

图 2 - 1 表明经济增长速度越快，环境资源的存量就越低；反之，如要保留较高的环境存量，则经济增长速度就越慢，实际上经济增长速度与环境资源存量之间存在着一种转换关系，转换率为 $\frac{dy}{dx} = \alpha < 1$。梅多斯在他们的福里斯特—梅多斯（Forrester-Meadows）模型中总结出"影响经济增长速度的五要素——人口增长、粮食供应、资本投资、环境污染及资源耗竭，他们指出由于人口过快增长将引起粮食需求的增长，经济高速增长将引起不可再生资源耗竭速度加快及环境资源污染程度的加大，这些皆属于指数增长的范畴，因此社会将来必然会达到危机水平。"[①] 可以看到《增长的极限》一书带有片面的悲观性观点，但书中所提出的资源环境容量无法满足粗放式经济增长模式的观点引起了广泛关注，可以说它是人类对现代高生产、高消费、高排放经济增长模式的首次反思[②]。它的研究为后来经济增长与环境保护研究的理论奠定了坚实的基础。

尽管增长极限理论在经济增长理论研究史中占有重要位置，但一经提出，就遭到很多经济学家如高尔（Gole，1973）、戈勒和温伯格（Goeller and Weinberg，1976）、西蒙（Simon）等驳斥。高尔（1973）在福里斯特—

---

①　梅多斯接受罗马俱乐部的委托与他人合作出版了《增长的极限》一书，该书是罗马俱乐部关于人类发展状况的研究报告，该书在研究内容和方法上是以福里斯特《世界动态学》为模板，只是更加深入一些，因此西方经济学把他们的理论放在一起，称为福里斯特 - 梅多斯模型。

②　Fisher. A. C. Resource and Environmental Economics［M］. Cambridge：Cambridge University Press，1981.

梅多斯模型中引入资源勘探、资源回收再利用等要素，使不可再生资源能够保持和人类需求相匹配的指数增长①。西蒙认为梅多斯理论中的预测是以资源的稀缺性为前提的，但它所指的是技术意义上的稀缺性，而不是经济增长理论中探讨的经济意义上的稀缺性。技术意义上的稀缺性针对的是客观存在的土地、矿藏等总量，是有限的；但人们更关注的是这些资源所能提供的产品服务，而不是资源本身，当一种资源由于短缺导致价格上升时，人们会寻找替代方式，并通过技术创新对其更有效地开采、使用和回收。由于技术进步，资源对人类经济增长的极限论将不存在。② 众多经济学家认识到经济增长与环境质量之间可以存在一种相互促进的和谐关系，即在经济发展过程中，资源利用效率会不断提高，对环境保护的投入也会增大，资源环境存量水平与代表经济发展水平的经济增长速度可以不存在矛盾性，如图 2 - 2③ 所示。

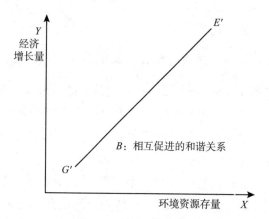

图 2 - 2　经济增长与环境资源存量的关系（乐观观点）

图 2 - 2 中可以看到，$G'E'$ 曲线代表经济增长和环境资源存量可以存在一种相互促进的和谐关系，经济发展是朝着左下端（经济发展速度减缓环境资源遭到破坏）还是朝右上端（经济发展速度提高同时环境资源保护良好），则取决于政府和社会在资源环境与经济发展之间进行权衡选择。从图

---

① Cole., Freeman, C., Jahoda, M. and Pvaitt. Thinking about the future: a critique of the limits to growth [M]. London: Chatto&Windus for Sussex University Press, 1973.

② Simon. The economics of Population growth [M]. Princeton University Press, Princeton, NewJerse, y1977.

③ 潘家华. 持续发展途径的经济学分析 [M]. 北京：中国人民大学出版社，1997：37.

中我们可以得到这样的观点，如果政府管理有方，那么好的环境规制政策不会阻碍经济增长，而是有利于促进经济增长，经济增长也会有利于环境资源的保护，出现如利用环境资源提高经济增长速度，部分的经济增长可转化为环境资源，补偿环境资源的消耗量，呈现良性发展态势。

（2）环境库兹涅茨曲线关于经济发展与环境的关系研究

从 20 世纪 70 年代中期开始，以斯蒂格利茨（Stiglitz, 1974）、Solow（1974）、鲍莫尔（Baumol, 1986）等为代表的众多学者，在索洛（Solow）的新古典经济增长模型中引入自然资源环境要素，将环境资本纳入经济增长的投入要素，以分析在资源环境约束下，经济增长能够可持续的条件。到了20 世纪 80 年代，人们对经济增长与环境之间的关系进行进一步思考，重新界定和扩大了许多原有的概念及理论。

20 世纪 90 年代开始，环境破坏水平的数据可以在政府相关监管机构中获得，沙菲克和班迪亚帕戴（Shafik and Bandyopadhyay, 1992）[①]、帕纳约托（Panayotou, 1993）[②] 等人在通过对经济增长速度与环境污染程度的实证研究后，认为经济增长与环境污染水平之间呈倒 U 型关系。借鉴库兹涅茨（Kuznets, 1955）著名的倒 U 型曲线[③]论述，帕纳约托（1993）把经济增长与环境污染水平之间的倒 U 型曲线称为环境库兹涅茨曲线（EKC），如图2 - 3 所示。

普林斯顿的经济学家格罗斯曼和克鲁格（Grossman and Krueger, 1995）[④]在对 66 个国家的污染物 12 年的变动情况进行研究时，发现大多数污染物的变动趋势与人均收入水平的变动趋势呈倒 U 型关系，因此在 1995 年他们发表的文章中提出了环境库兹涅茨（EKC）的假说，"该假说的核心内容包括

---

① Shafik N, Bandyopadhyay S. Economic Growth and Environmental Quality: Time-Series and Cross-Country Evidence [M]. World Bank Policy Research Working PaperNo. 904（Washington, D. C.）, 1992.

② Panayotou T, Empirical Tests and Policy Analysis of Environmental Degradation at Different Stages of Economic Development [M]. ILO Technology and Employment Program Working Paper, WP238（Geneva）, 1993.

③ 1955 年，美国著名经济学家库兹涅茨在研究收入差距过程中发现：在经济增长的初期，收入差异随经济增长而不断加大，当经济增长达到某一点时，这种差异则开始缩小。以收入差异为纵坐标，人均收入为横坐标，二者呈倒 U 型关系，该曲线被称为库兹涅茨曲线（KC）。

④ Grossman G, Krueger A. Economic Growth and the Environment [J]. Quarterly Journal of Economics, 1995, 110（2）: 353 - 377.

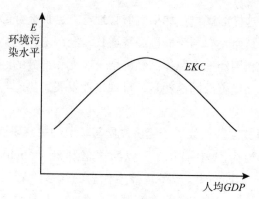

图 2 - 3　环境库兹涅茨曲线

五个方面：①在经济起飞阶段，伴随着经济增长，环境质量的退化在一定程度上是难以避免的，在污染转折点到来之前，环境污染随着经济增长不断加剧。②经济的快速增长使环境质量进一步恶化，环境资源的稀缺性日益凸显，对环境保护的投资会因之而增大，当经济发展到一定阶段时，经济增长将为环境质量的改善创造条件。③从总体上看，环境污染水平与经济增长的关系呈倒 U 型曲线特征所揭示的经济增长与环境污染水平的关系是一个长期的规律。④政府的环境经济政策等制度安排因素在改变环境库兹涅茨曲线的走势和形状上有重要意义。⑤环境库兹涅茨理论假说，揭示了经济增长与环境之间的一种联系或一种转化规律，但这并不意味着发展中国家的环境状况到一定增长阶段必然会环境质量改善，这是因为，如果环境退化超过环境阀值，环境退化就成为不可逆。"①

　　环境库兹涅茨曲线理论存在着重要的政策含义②：①一个国家在经济发展过程中，特别是在其工业化起飞阶段，不可避免的出现一定程度的环境恶化；②环境库兹伦茨曲线表明，当经济不断增长，在人均收入达到一定水平后，经济增长则转化为环境保护的促进要素，弥补早前经济高速增长造成的环境破坏以及未来环境的不断改善。但部分学者却认为：环境保护不需要特别注意，只需要追求经济的高速增长，快速超过对于自然环境不利的阶段，抵达 EKC 曲线的污染转折点，就可以使环境得到改善，但这样的政策存在明显的缺陷：一是预防某些环境破坏比经济发展后的治理更有效；二是经济

---

① 李达. 经济增长与环境质量 [D]. 上海：复旦大学，2007：13.

② 潘家华. 持续发展途径的经济学分析 [M]. 北京：中国人民大学出版社，1997：60 - 62.

增长与自然资源环境之间存在一种转化关系，但这并不代表发展中国家在经济增长到一定水平时环境状况必然得到改善，因为如果环境退化超过阀值则存在不可逆性；三是 EKC 曲线弯折点需要经济发展水平达到很高阶段才能超越，如果在此阶段不进行环境预防及治理，待到未来经济发展达到较高水平才实施环境规制的各项政策，即采用先破坏、再治理的发展过程，一些环境的破坏难以恢复，一些被大量过度消耗的资源也无法再生。

因此，在经济发展的初期阶段就应该权衡经济增长和环境保护之间的利益关系，在追求高速增长的经济发展过程中不断进行污染物排放的控制和不可再生资源的保护性开发使用则更具合理性。

环境库兹涅茨曲线假说提出后，众多研究者从多个视角对该曲线进行解释，包括：①环境作为生产要素的新古典增长模型——洛佩兹（Lopez，1994）、齐齐林斯基（Chichilinsky，1994）、博芬贝格和斯马尔德斯（Bovenberg & Smulders，1995）等人在这类模型中把资源和环境质量本身等同于传统生产函数式中的物质资本、劳动力等投入要素，考察在生产过程中最优增长问题，从供给方面来探讨资源可耗竭性对经济增长的制约性。②经济增长与环境恶化的内生增长模型——拉斯哈特和范德普洛格（Ligthhard and van der Ploeg，1994）扩展了巴罗（Barro，1990）内生增长模型，该模型检验了政府支出在内生经济增长模型中的作用，拉斯哈特和范德普洛格（1994）和斯托基（Stokey，1998）建立了包含环境因素在内的内生经济增长模型，模型均使用了资本边际产出并不下降的 AK 方程，斯托基（1998）指出，如果存在一个政府制定的排放标准，则 AK 模型中资本的边际产出不再为常数，经济增长最终则下降为零。包含环境因素的内生增长模型中最优污染的控制程度要求一个比较低的增长水平，它同时支持新古典增长理论中关于环境恶化的结果。③优先增长模型——塞尔登和桑（Selden & Song）使用福斯特（Forster，1973）的增长污染模型，认为"人们的消费水平和环境污染程度之间存在倒 U 型曲线关系，只有社会的资本增长到一定水平后，才会对控制环境污染进行投资，该模型认为人们对消费的边际效用下降，对控制环境污染问题关注的程度不断增强。"[①] 由于经济高速增长引起的严重的环境污染，需加速增加控制环境污染的投资，抵消经济增长造成的环境污染。除

---

① Forster, B. A.. Optimal capital accumulation in a Polluted Environment [J]. Southern Economy, 1973：39，544.

此之外，很多经济学家也对经济发展与环境保护之间的关系进行解释，包括科普兰和泰勒（Copeland & Taylor，1994）提出的南北方两个区域的多商品一般均衡模型，约翰和派克尼诺（John and Pecchenino，1994）建立的跨时期迭代模型，斯特罗姆（Strom，1998）建立的代表性消费者的效用函数和以污染和技术作为投入品的生产函数模型，安德里尼和莱文森（Andreoni and Levinson，2001）建立的倒 U 型曲线的出现受资本丰裕程度的影响与外部性内部化无关的模型等。

（3）中国学者关于经济发展与环境的关系研究

中国学者在经济发展与环境关系的研究领域起步较晚，基本还处于跟踪国外研究的阶段，而且大部分研究者集中于环境库兹伦茨曲线的应用性研究。

梁言顺（1997）[①] 在索洛增长模型的基础上，建立低代价经济增长模型，将自然环境资源作为代价因素嵌入经济增长模型之中，提出了"两循环三增长"[②] 的观点。

陆虹（2000）考察了我国二氧化碳（CO_2）排放量与人均 GDP 的关系，结果表明"人均二氧化碳（CO_2）排放量与人均 GDP 的当前值与前期值之间存在交互影响，不是呈现简单的倒 U 型关系。"[③]

马利民和王海建（2001）[④] 构造了一个耗竭性资源约束下的内生经济增长模型，研究社会在使用耗竭性资源时要求维持可持续的消费，技术进步的速度及资源消耗速度之间的关系。

我国台湾学者洪明峰（Ming-Feng Hung，2001）曾对台湾地区 1988～1997 年的经济增长与环境污染水平进行实证分析，"研究结果显示我国台湾地区的二氧化氮和一氧化碳（NO_2 和 CO）的排放量与人均 GDP 增长之间存在着倒 U 型关系，对环境库兹涅茨曲线在我国的适用性具有解释意义。但

---

① 梁言顺. 低代价经济增长理论 [M]. 北京：人民出版社，2004.
② "两循环三增长"的观点是指：在发展的前提下，不论地球、国家还是某个地区，既要满足当代人的需要，又不能对其子孙后代构成危害。两循环是指：一是自然资源的循环利用与替代；二是生态环境的循环净化；三增长是指：自然资源总量和环境容量扩大增长、经济低代价增长、人口适度零增长。
③ 陆虹. 中国环境问题与经济发展的关系 [J]. 财经研究，2000：10.
④ 马利民，王海建. 耗竭性资源约束之下的 R&D 内生经济增长模型预测 [J]. 预测，2001 (4)：62-64.

二氧化硫（SO_2）的排放并未发现具有倒 U 型关系，作者认为这与我国台湾地区在 1995 年开始加强二氧化硫的排放监管、改变对二氧化硫（SO_2）的排污收费方式密切相关。[1]"

吴玉萍、董锁成和宋键峰（2003）"选取北京市的统计数据，建立经济增长与环境污染水平计量模型，呈现显著的倒 U 型曲线特征，并且发现比发达国家更早地达到转折点，可以认为这是北京市实行有效的环境政策的结果。[2]"

陈华文、刘康兵（2004）[3] 通过最大化效用函数对 EKC 进行微观解释，并使用 1990～2002 年上海环保局关于空气质量的环境指标与人均收入的数据，通过简化型回归分析发现，TSP（总悬浮颗粒）、一氧化碳和氮氧化物等环境指标与环境库兹涅茨曲线所描述的情况吻合，与环境库兹涅茨曲线假说一致，但二氧化硫（SO_2）的浓度与经济增长表现为正 U 型关系，并且不同的指标对应于不同的转折点，这一问题需要进一步研究。

总而言之，经济发展与环境关系的理论探讨主要存在三种不同观点：①在本质上资源稀缺性无法改变，若在经济发展过程中对资源不进行合理的利用开发，对资源消耗超过其更新能力或更新速度，或者耗竭性资源进行无节制的使用，资源就得不到恢复而遭到破坏，直至不复存在，该观点认为经济发展必然导致环境污染加剧，所以经济发展与环境之间存在此消彼长的矛盾关系。②人类在具体的生产实践中，依靠科学发展和技术创新等手段，找到可替代资源，也会通过开采手段的进步，开发出过去无法开发的储量丰富的资源，环境问题将因技术进步和经济发展而得到改善，二者之间不再是相互抑制而是相互促进的和谐关系。③如环境库兹伦茨曲线的相关理论，经济发展与环境之间存在着先恶化再改善的关系。

2.3　环境规制相关理论研究综述

几十年来，由于经济不断增长，特别是众多发展中国家，在追求高速经

---

[1]　Ming-Feng Hung and Daigee Shaw, Economic Growth and the Environmental Kuznets Curve in Taiwan [J]. Department of Economic, National Cheng-chi University, 2001: 73.

[2]　吴玉萍，董锁成，宋键峰. 北京市经济增长与环境污染水平计量模型研究 [J]. 地理研究，2002, 21 (2).

[3]　陈华文，刘康兵. 经济增长与环境质量：关于环境库兹涅茨曲线的经验分析 [J]. 复旦学报，2004 (2): 87 – 94.

济增长的同时导致严重的环境污染，因此世界各国政府纷纷采取环境规制手段，以保证在追求经济发展的同时环境资源不受到破坏，这标志着现代环境保护运动的开始。在过去的 30 多年间，人们在不断的加强环境规制治理污染的同时，对于环境规制实施过程中可能对经济发展、产业绩效等带来的影响，也进行了大量的探讨。

2.3.1　市场失灵与环境规制研究

（1）外部性与环境规制

环境规制来源于污染所导致的外部性问题，所谓外部性是指"在两个当事人缺乏任何相关的经济交易的情况下，由一个当事人向另一个当事人所提供的物品束"①，即经济主体的某种活动对社会产生一种无法由市场价格反映出来的影响。鲍莫尔（Buamol）与奥茨（Oates，1998）提出外部性的产生需要两个条件：①独立的经济利益主体 A 厂商的生产函数所包含的某些变量取值由忽略 A 福利的其他经济主体 B 厂商决定，且 B 的决策独立于 A，外部效应就出现了。②B 厂商不支付对 A 福利影响等价的补偿。外部性分为正外部性②和负外部性③，环境污染所形成的外部性多数属于负的外部性，这也正是需要环境规制进行管理的范畴。

各经济学流派从不同角度对环境的外部性问题进行了探讨：西奇威克（Sidgwick，1883）首先提出了经济的外部性问题，并以灯塔问题为例，描述了搭便车行为；马歇尔（1890）从公共品入手，揭示资源环境所具有的不可分割性，人们无法独自使用生产环境资源而形成排他性消费；庇古（1920）指出当市场存在外部性时，市场均衡是无效率的，均衡无法使社会总利益达到最大化，并以环境为例指出环境的污染者并未对其追求个人利益最大化而造成的污染支付相应的成本，造成私人成本低于社会成本，而不足部分却由社会承担，最终对整个社会环境造成损害。由于市场机制无法使环境损害消除，庇古提出通过政府对私人边际成本小于社会边际成本的生产者

---

① 丹尼尔·F·史普博，管制与市场 [M].上海：上海三联书店，上海人民出版社，1999：148.

② 正外部性表现为私人边际收益小于社会边际收益，说明部分私人收益外溢，被无关者获得。

③ 负的外部性则表现为私人边际收益大于社会边际收益，说明部分私人成本外溢，被转嫁给无关者。

进行征税，对私人边际收益小于社会边际收益的生产者进行补贴的方式来消除环境的负的外部性问题，只要税额等于外部性造成的环境损害的额度，外部性问题内部化，从而消除损害，即为"庇古税"；科斯（1960）从外部侵害入手，提出资源环境外部性问题之所以存在，源于环境的公共资源特质；诺思（North，1991）从"搭便车"入手，说明资源环境问题的解决需依托于成功的制度变革。

（2）公共品与环境规制

资源环境是一种公共品，公共品是外部性的一种特殊表现形式。在福利经济学考察的竞争性市场中，存在着一种特殊产品，该产品具备非排他性，任何人无法独占，任何人在享受该产品带来的利益时不会使其他人的使用效用下降，该物品被称为公共品。很多资源环境物品，在某种程度上具有公共品的属性。哈丁（Hardin，1968）在《科学》杂志上发表了一篇题为《公地的悲剧》的文章描绘了这样一个场景，一群牧民一同在一块公共草场放牧，每个牧民都从自己私利出发，选择多养羊获取收益，因为草场退化的代价由大家负担，每一位牧民都如此思考时，"公地悲剧"就上演了，从草场持续退化直至无法养羊，最终导致所有牧民破产。哈丁在文中提出由于资源环境的公共品性质，使得环境外部性的转移成为可能，导致市场机制在进行资源配置的过程中失灵，因此需要政府对其进行规制。环境资源作为公共品具有两个主要特征：一是环境资源的消费具有非排他性、非竞争性及不可分性，简单地说就是环境资源的消费无任何机会成本；二是环境资源的供给也存在不可分性，这与消费的不可分性紧密相关的，为某个消费者生产公共品（环境资源）就等于为全部消费者提供该物品。在许多情况下，个人不管付费与否都可以享受公共物品的消费。

科斯（1960）早在《社会成本问题》中指出，外部性问题不是如庇古所认为的一方侵害另一方的单向问题，问题的关键在于相互性，因而试图通过政府规制把责任加于外部性造成者来纠正外部性问题是错误的，错误在于为了遏制厂商 B 损害厂商 A 的利益，因此应通过政策使 B 受到损害，而真正解决问题的关键在于如何使外部性的价值在损害方和受害方之间合理分配。可见外部性问题的出现在于缺乏对公共品产权明确的界定。如果产权得以明确，在交易成本为零的情况下，产权的初始分配不会影响资源的有效配置，通过合理的界定初始产权，外部性可以有效地被内部化。但是，科斯理论是以交易成本为零作为基本假定，但在现实社会中，不仅存在交易费用且费用很高以致无法达成交易。如果某种活动的受害者由多人构成，还会出现严重的"搭便车"问题，使受害者的利益都得不到保护，例如现实的环境污染问题，往往是损害者和受害者都是由多人组成，即由某种污染源共同产生的，而受害人人数众多，且受害程度存在很大差异，这决定了无法通过讨价还价的交易方式解决环境污染的外部性问题。可见环境的公共品特征导致科斯定理在应用中失效。

公共品本质上是外部性的一种特殊表现形式（Baumol，1977；黄有光，1999）。公共品的供应者不仅能使自己受益，也能使他人获益。由于公共品自身的性质或技术等原因，使用上的排他性成本极高。由于排他性困难使得"搭便车"行为更为严重。约翰·戴尔斯（John Dales，1965）基于科斯定理提出了排污权交易理论，提出"用可交易的排污许可证，在厂商或个人间分配污染治理负担来解决环境污染的问题。资源环境的公共品的特征，使得私有产权界定有较大的困难，所以只能采取共同管理的方式。资源环境具有高昂的排他成本，而且竞争性资源环境也同样是共有的，但生产出来的产品却是归私人所有，导致使用市场配置私人品有效机制在配置公共品包括环境资源时是无效的，如果可以通过某种方式排除他人对资源环境的使用，那么环境的提供者获得的收益＝物品本身获得收益＋他人对获得许可使用的付费。[①]"排他性特征很重要，它可以解释为什么环境资源会遭到破坏。因此资源环境的使用由政府进行干预是非常必要的，政府可以通过直接提供资金或征税为环境保护筹集资金，并进行环境规制，以防止资源环境被滥用。安德森和利尔[②]（1997）提出环境是一种资产，围绕环境资源可以建立一种界定完善的产权制度，环境资源的所有者可以通过市场机制确保经济与环境的共生。

（3）信息不对称与环境规制

在经济学的研究中，一个重要但经常被忽略的产品就是信息。信息对于经济运行来说非常重要，是造成市场失灵的主要原因之一，但信息通常是不

---

① Varian. Microeconomic Analysis [M]. Norton & Company Inc. , Newybrk, 1992.

② 泰瑞·安德森，堂纳德·利尔. 从相克到相生——经济与环保的共生策略 [M]. 北京：改革出版社，1997.

均衡的或呈现不对称分布的。信息不对称是指参与某项经济活动的双方或多方获得信息的渠道和数量是不一样的。由于人们对环境信息的无知状态，环境交易也同传统交易中的信息不对称普遍存在一样，污染者和被染污者之间信息也是不对称的。信息不对称是造成各种非最优现象存在的本质原因，这与资源环境问题直接相关或间接相关，而这种不对称性又同环境外部性相互作用，造成很多严重的与环境问题有关的市场失灵。早期经济学家就已经注意到了环境规制中的信息不对称问题，环境规制执行强度的信息会直接影响企业的环境行为。拜克尔（Becher，1968）在理性犯罪理论中指出，只有当违法的预期的惩罚成本超过企业的遵守成本，企业才会选择遵守环境规制。但哈林顿（Harrington，1988）对美国 20 世纪 70～80 年代的污染治理的研究发现，尽管有较低的处罚预期，但大多数企业仍遵守污染控制制度。但纽伯格（Nyborg）和特勒（Telle，2006）认为 Harrington Paradox（哈里顿悖论）缺乏数据论证，他们通过对挪威环境数据的考察发现，在 1997～2001 年的所有环境检查中，存在 80% 的违规行为，但多数属于挪威污染控制部门分类下的小违规。所以，哈林顿理论研究中低违规行为出现时，因为重大违规被发现的概率较低，尽管处罚严厉，所以企业遵守法律的程度高于理性犯罪理论的预测，在这样的博弈过程中，规制的威慑信号以及产生的相关违规成本起到了较大的影响作用。

　　所以，要想使资源环境不受到破坏，环境产权必须明晰，使市场失灵（外部性、公共品和信息不对称）情况无法产生。当然，这样的市场必须包括全部的产品和服务、充分的市场信息和完全界定产权关系，这在现实中是无法满足的，这也正是环境规制政策产生的前提，通过对市场失灵造成的成本与政府规制成本进行比较，最终制定出合理的环境规制政策。

2.3.2　环境规制工具选择研究

　　市场失灵造成的环境损害为政府进行环境规制创造了必要条件。从根本上讲，市场失灵是由外部性引起的，外部性是由于私人边际成本与社会边际成本的背离所导致的，因此各国政府在解决环境问题时的出发点都是通过某种环境规制工具使私人边际成本与社会边际成本相吻合，即把外部性对其他厂商和个人的影响内部化到相关的生产和消费中去。

　　各国政府基于相关的环境经济学理论及政府的整体目标选择的环境规制

工具都是以此为依据，一般的工具包括：环境税费、可交易许可证制度、补贴制度、排污标准及技术标准。邹骥[1]认为，环境税费是庇古相关理论在规制中的具体应用，通过将环境税率标准设定为等于环境污染造成的社会边际损失，可以将外部性的影响内部化到企业的生产和销售环节中；"补贴制度是一种对直接减污成本的偿还或者是对每单位排污减少的固定支付，[2]"本质上该手段与环境税费制度没有差异，只是正激励和负激励差别，通过将补贴额度设定在减污的边际成本等于减污的边际收益水平上，因此补贴达到了征收庇古税相同的效果；可交易许可证制度最早由戴尔斯（Dales，1965）在其《污染、产权、价格》一书中提出，这是首次提出污染权概念，并提出用可交易的排污许可证在厂商或个人间分配污染治理成本从而解决环境污染问题的思路，他建议在加拿大的安大略建立出售水污染权的政府机构，该机构可根据各企业的污染需求和成本的削减状况将污染权分配给各个企业，并允许企业之间进行污染权的交易，这一政策在理论上是基于科斯定理中关于外部性具有相互性的特征制定的，该政策工具在近年来的环境规制应用中被较多的采用；排污标准和技术标准则缺少相应的经济理论的依据，主要是一种行政式命令手段进行环境规制，技术标准主要是政府对企业污染的治理或生产技术做出明文规定，强制企业执行，在运用技术标准规制工具时，一般先由管理机构根据所掌握的污染治理的收益成本关系确定使社会福利最大化的排污量，即排污标准，然后选择能实现减污目标的相关技术，制定详细的技术标准强制企业执行，所以排污标准和技术标准是相辅相成、共同存在的环境规制工具。各国经济学家们对环境规制工具的选择及作用的差异性进行了深入的探讨。

首先在排污税费（排污收费）与可交易排污许可的选择问题上引发了一系列的探讨。韦茨曼（Weitzman，1974）[3]在论文中主要对数量型工具和价格型工具[4]的选择进行了比较分析，探讨了数量型工具与价格型工具间的不对称性，比较了不确定性条件下价格型工具和数量型工具的优劣，指出如果边际效益曲线比边际成本曲线陡峭，数量控制手段优于价格控制手段，反之

① 邹骥. 环境经济一体化政策研究 [M]. 北京：北京出版社，2000：45.

② 托马思·思德纳. 环境与自然资源管理的政策工具 [M]. 上海：上海三联书店，2005：158.

③ Weitzman, M. L. Price vs. Quantities [J]. Review of Economic Studies，1974（4）：477 – 491.

④ 数量型工具主要是指交易许可证；价格型工具主要指税收（收费）或者是补贴。

则价格型工具优于数量型工具。波林斯基（Polinsky）和沙维尔（Shavell，1979）把环境污染企业的风险规避偏好纳入模型，指出当企业是风险规避型时，无论抓住违规者使其成本有多高，低概率的监督模式和远超出外部性成本的罚款所形成的规制手段都非最优的。排污收费和可交易的许可的优劣取决于排污许可价格的确定方法：如果由低成本厂商确定可交易的排污许可的价格，排污税（费）的手段会产生更高的福利；当高成本厂商确定可交易的排污许可的价格时，排污许可手段会带来更高的福利。可交易的排污许可能够使规制者对排污总量实现直接的控制，对于排污者来说，由于允许许可证交易，如果排污者发现购买额外排污许可权的成本低于自行减污的成本，则选择从市场上购买排污许可节约成本；反之，则可以出售许可获取收益，降低了排污者遵守规则的成本。但李（Lee）和米施莱克（Misiolek，1986）指出基于经济角度，相对于其他很多扭曲性的公告收入来源，环境税费有很多明显优点，乔斯科（Joskow）和施马兰西（Schmalensee，1998）认为排污费的有效性可以不像排污许可那样需要完全依赖市场的平稳运行和发展，蒂坦伯格（Tietenberg，2001）也指出，较高的搜寻成本、排污者的博弈策略以及市场体系的不完备性，都使可交易的排污许可证市场的效用无法发挥。

科沃尔（Kwerel，1977）认为在可交易排污许可证政策下，企业往往会夸大减污成本，在实行环境税费政策时，企业则倾向于少报减污的成本，可见单一的价格或数量规制工具无法促使企业报告真实的减污成本。在这样的环境规制工具的两难选择下，部分经济学家也提出了混合性的环境规制手段，罗伯茨（Roberts）和斯彭斯（Spence，1976）设计了一种排污许可证与环境税费（补贴）相结合的政策来激励污染企业减污行为。在这种环境规制政策下，规制者发放一定数量的可交易排污许可证，通过市场形成排污许可证的均衡价格，当污染者的排污量超过了其持有的许可证的限量时，排污者需按规定对超出部分的每单位污染缴纳排污费；反之，则会按照未使用的许可证数量获得补贴。实证显示，这一混合政策能以较低的成本实现较高的减污效果。科林奇（Collinge）和奥茨（1980）提出"对于可交易排污许可，除了允许在排污者之间进行市场交易，规制者还可以通过公开市场行为，对可交易排污许可数量进行调整。①"瑞快特（Requate）和优诺尔德

---

① Collinge, R. A. and W. E. Oates, Efficiency in Pollution Control in the Short and the Long Runs: A System of Rental Emission Permits [J]. Canadian Journal of Economics, 1980, 15 (2).

（Unold，2001）提出"多层次的环境税费和多类型的可交易的排污许可的混合工具，在多层次环境税费下，按照累进的排污税率，对于不同的排污量区间征收不同的排污费，在多类型的可交易排污许可下，针对不同的排污量区间需按规定持有不同类型的许可证，不同类型的许可证则有不同价格，这样的混合工具能够使环境规制对递增的环境破坏成本做出适应性调整。[①]"

　　补贴制度作为除环境税费和可交易排污许可外的第三种主要规制工具也常被提及，部分学者认为环境征收税费制度和补贴制度从制度本质和作用来说对环境保护没有差别，只是具体的激励策略有所变化，差异只在于正负激励的区别。然而，布拉姆霍尔（Bramhall）和米尔斯（Mills，1966）、尼斯（Kneese）和鲍尔（Bower，1968）研究显示，环境税费和补贴制度间存在着明显的不对称性，二者对排污者的利润率具有完全不同的作用：从会计学角度分析，税费减少企业的利润而补贴则增加企业的利润。另外，由于征收环境税费降低企业利润，对于新进企业而言增加行业准入门槛，对于行业内部原有企业而言，增加了企业退出行业的可能性，而环境补贴制度则正好相反，会降低行业准入高度，吸引大量新企业进入该行业，并提高企业长期经营的决策，而环境税费则使产业的供给曲线向左移动，导致产业规模收缩。科恩（Kohn，1985）、马斯特曼（Mestelman，1982）指出"补贴制度将导致排污总量的增加，特别是补贴制度在多个国家应用如此普遍，使得削减补贴这样的手段也经常被归类为一种环境规制工具。"[②]

　　除了以上三种主要环境规制工具，还有技术标准和排污标准两种命令控制型的环境规制工具。从理论上讲是可以找到最优的技术标准的，但在现实中规制标准的选择往往是最可行的技术标准。从静态效率看，由于不同企业的技术水平、管理方法、市场竞争能力等各不相同，企业的减污成本也各不相同，因此选择企业的技术标准往往缺乏成本有效性。从动态效率看，由于采用更先进的减污技术无法给企业带来额外效益，而且在采用命令式技术标准规定时企业即使掌握更有效的减污技术也无法使用，因此缺乏对企业进一步降低污染选择更优的激励。排污量标准的控制的特征跟技术标准控制的特

① Requate, T. and W. Unold. Pollution Control by Options Trading under Imperfect Information [R]. Presented at the European Association of Environmental and Resources Economics (EAERE) 2001 Conference, Southampton, U.K.

② Kohn, Robert E.. A General Equilibrium Analysis of the Optimal Number of Firms in a Polluting Industry [J]. Canadian Journal of Economics, 2001, 18 (2).

征基本相同。规制者在制定排污量标准与技术标准要依靠对减污成本的了解，但由于存在信息不对称的作用，排污企业利用信息完备的优势，在与规制者的博弈中获得较为宽松的排污量标准和技术标准，规制者对技术标准与排污量标准的偏好源于这类政策的制定和执行过程为规制者提供了一定的寻租机会。与技术标准不同点在于，排污量标准的监督成本较高，规制者要长期搜集、整理排污信息，并对违规企业进行处罚，这对规制者的规制能力提出了较高的要求。正是由于上述原因，二者在规制工具的选择中往往不经常使用。

　　综上所述，国内外对经济发展方式与环境规制问题的研究更多集中于中观层面的机制研究以及微观层面的行为主体研究，而且文献中显示对二者之间的关系研究，特别是不同的环境规制工具的选择对经济发展的影响及发展方式的选择缺少探讨。因此，本书则以中观与微观研究为基石，借鉴国内外相关文献的研究思路，将研究进一步拓展到宏观的层面，从环境规制体制和体系的改革方面，研究如何通过环境规制促进我国经济发展方式的转变。

第 3 章

经济发展方式转变与环境
规制的变迁及分析

3.1　制度变迁下我国经济发展方式转变历程

不同的经济发展方式的划分需要基于不同的视角，从微观层面看，对生产经营者来说，可以表现为投入的要素的不同（如资本、劳动力等），也可以表现为组织架构和管理效率的差异；从宏观层面看，不同国家或社会由于经济体制、环境资源、技术水平和政策制度等宏观因素差别，经济发展方式将呈现不同的特征。本书主要探讨的是环境规制与经济发展方式之间的关系，更多的是关注于宏观经济增长，因此以制度变迁作为研究主线分析我国经济发展方式的转变历程，把自新中国成立至今划分为三个阶段，按照时序顺序和制度变迁过程对经济发展方式进行分类归纳。

3.1.1　计划经济体制下的经济发展方式（1949～1977 年）

新中国成立伊始，由于我国经济基础极其薄弱，经济总量很小，同时国家追求"赶英超美"的强国路线，加快工业发展的任务非常紧迫，主要依托于粗放型经济增长的经济发展方式成为必然的路径选择。从产生的根本原因上看，大致可归结为两种：一为"阶段必经论"，二为"体制内生论"。①

---

① 李萍. 经济增长方式的转变的制度分析［D］. 成都：西南财经大学，1999：72－82.

"阶段必经论"的阶段是指经济发展处于初始阶段,主要在工业化初期,因此大量的自然资源未被开发,土地、劳动力等相对于生产能力极其丰裕,要素供给有保证且价格低廉。同时,由于战争使得生产积累十分有限,技术进步迟缓,缺少有效的管理能力,但由于需要满足人们的基本生活需求以及迎合国家当时超越强国的战略路线,生产规模急需扩展。由于受到技术水平、劳动者能力及管理效率等自身要素的制约,生产主要依托于劳动力密集型、资源的大量消耗等生产要素扩张性的使用来促进经济增长,即我们所称的粗放型增长方式,这是解放初期客观条件约束下的必然选择。为了集中有限资源用于推动工业化进程,生产要素主要投向工业部门,在整个"一五"期间,我国生产资料生产与消费资料生产的比例为 26.6% : 73.4%。依托粗放型经济增长的经济发展方式是一个国家迅速奠定技术和工业基础的必由之路,是任何国家都无法避免的。"体制内生论"是苏东国家以及新中国成立后建立的一种集权的计划经济体制,伴随着依托粗放型经济增长的经济发展方式。高度集权的计划经济体制下,企业领导没有经营决策权,自然也无需对决策所产生的损益负责,企业领导为了能够提高其晋升速度,尽可能地完成上级主管部门下达的任务指标,在技术还没有进步到支撑相应的产量要求时,高投入、高消耗、低效率的粗放型经济增长方式则成为企业的必然选择;集权计划经济体制下,各级行政部门之间、生产企业之间往往接受行政安排指令而不是依据市场上的供求关系进行交易,交易过程仅体现了商品量的变化及商品移动,而无法确定成本与收益,这将造成一个企业在行政安排生产的条件下只要能提供更多的商品产量,无论投入(成本)有多高,企业的领导者都会得到上级行政主管部门的认可,这样的依托行政安排而非货币化交易过程必然导致供需严重失衡和资源的大量浪费。但也有学者持有不同见解,林毅夫(1994)提出,新中国成立后集权的计划经济体制是在资源严重短缺的经济中推行重工业优先发展战略而形成的,主要方式是通过高度集中的资源计划配置制度和毫无独立自主权的微观经营机制促进工业优先发展,从而形成粗放型经济增长方式的。① 当然,以粗放型经济增长为基础的经济发展方式并不是一定与计划经济体制共生存,而主要是受到我国当时的客观条件所制约。无论是哪种原因形成了新中国成立后的粗放型经济增长方式,我们可以看到的事实是一致的,就是新中国成立后到 1978 年间我国

---

① 林毅夫等. 中国的奇迹:发展战略与经济改革[M]. 上海:上海三联书店,1994:20.

实行的是计划经济体制下的依托粗放型经济增长的经济发展方式。

在这一阶段，在集权的计划经济体制下，以行政安排手段直接配置资源、组织生产活动，对于新中国成立后需要迅速恢复生产生活和大力发展经济建设起到了巨大作用。但随着经济的快速发展，这种集权计划经济体制的缺陷逐渐暴露出来，主要体现在统得过多，管得过死，指令性计划比重太大，忽视价值规律和市场机制的重要作用，使劳动者缺乏积极性，生产力无法得到提高。同时，依托粗放型经济增长的经济发展方式随着资源的不断耗用，资源稀缺性更加明显，经济发展的可持续性受到威胁，国民经济发展的协调性和质量效益都亟须提高。

3.1.2　经济体制转型过程中的经济发展方式（1978～1992年）

1978年，党的十一届三中全会胜利召开，提出了我国的高度集权的计划经济体制具有严重缺陷，并进行了改革，改革的变化主要表现在：逐步扩大市场调节的范围，缩小指令性安排的范围，指令性计划逐渐向指导性计划过渡；国有企业经营自主权下放，政府从决策主体地位退出，企业通过推行各种形式的经济责任制转化为决策主体；引入市场调节手段，完善价格体系的构建，逐步放开农产品、工业品价格。十一届三中全会后，我国经济体制改革的步骤已十分明确，从计划经济体制向市场经济体制的转变步伐逐步加快。在十几年的改革过程中，指令性计划的范围不断缩小，国有企业的自主经营自主权不断扩大，价格体制也不断完善，以价值规律为主导的市场调节作用不断增强，经济体制的转变取得了巨大成功。

我国在进行经济体制改革的同时，原有的依托粗放型增长为主的经济发展方式在经济发展进程中所产生的问题越来越多，尤其当经济体制逐渐向市场经济过渡时，粗放型经济增长方式存在的一个重要前提——基于行政手段进行生产经营活动安排的行为逐渐被市场决策所取代，经济发展方式转变问题也开始引起行政管理部门的重视，并选择了部分地区和企业进行了试点和理论探索。1979年，中央经济工作会议明确提出，在进行经济体制调整过程中要特别关注提高经济效益；1981年，全国人大五届四次会议则提出了以提高经济效益为核心思想的经济发展指导方针；1982年，党的十二大会议提出了要在"六五"期间把我国经济工作重心转移到以提高经济效益为中心的轨道上来，本质上就是把工作重心落在了经济增长方式转变问题上；

之后，在党的十三大、十四大会议上都分别明确提出了促进我国经济增长方式应从粗放型向集约型转变的要求。

在经济体制转型过程中来看经济发展的实际效果，从 1978～1992 年，我国社会劳动生产率呈现上升趋势，如图 3-1 所示。

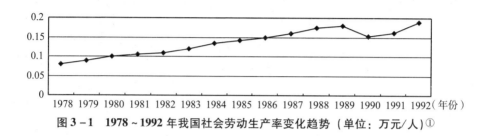

图 3-1　1978～1992 年我国社会劳动生产率变化趋势（单位：万元/人）①

图 3-1 显示，在 1978～1992 年经济体制改革的过渡阶段，我国依托粗放型经济增长的经济发展方式的特征逐渐减弱，劳动生产率从 1978 年人均不足 1000 元上升到 1992 年人均接近 2000 元，集约化程度在不断提高。可见，经济体制的改革对我国经济发展方式转变产生了巨大的推动作用。但图中也显现出 1989 年到 1990 年劳动生产率出现明显的波动，这是由于我国的经济体制改革是在摸索中进行的，难免在不同的时间段会做一些调整，所以使得经济发展呈现出一定的波动性特征，但整体趋势没有发生改变。

3.1.3　社会主义市场经济体制下的经济发展方式（1993 年至今）

1992 年邓小平南方谈话中明确提出社会主义制度与市场经济体制的共存性，这为深化市场经济体制改革确定了方向。1992 年党的十四大把建立社会主义市场经济体制作为我国改革的主要目标，明确了在国家宏观调控下市场作为资源配置的主要手段。1993 年通过了《关于建立社会主义市场经济体制若干问题的决定》，确定了不断完善社会主义市场经济体制的宏观调控体系的目标，在市场作为主要资源配置手段的基础上，通过金融政策、财政政策等机制加以协调，从而使国家对经济的管理手段从指令性计划向指导性计划转变。在宏观政策不断调整以期符合市场经济体制要求的同时，国企

---

① 赵凌云等. 中国发展过大关—发展方式转变的战略与路径 [M]. 武汉：湖北人民出版社，2008，92-97.

改革也进入制度变革和结构改变的新阶段，虽然不断通过扩权让利等手段进行国企改革，但由于国企本身存在的产权无法厘清、政企没有根本分开、企业缺乏自我约束能力和造血机制等问题无法根除，效益低下问题依然严重。直到 1997 年，党的十五大报告明确提出国企改革需遵循"三改一加强"①原则，1999 年，党的十五届四中全会提出，根据国有经济布局改变对国企进行战略性改组，国企可以通过规范上市、中外合资和企业交叉持股等方式，改组为股份制企业，发展混合所有制经济，这些政策措施极大地促进了国企改革的推进，也为以后国企改革奠定了坚实的政策基础。2002 年党的十六大宣告我国社会主义市场经济体制已基本建立，改革开放开始进入完善市场经济体制的阶段，重点推进了国有经济战略性调整、农村综合改革和垄断行业改革等多方面的综合性改革。

　　然而据相关资料显示，尽管我国不断在推进经济发展方式向集约化转变，但仍不可避免地存在大量传统的粗放型生产的特征。相对于经济持续的高速增长，我国经济发展方式转变已严重滞后，表现在经济增长中人力资本缺少优势、生产技术含量低、能源消耗大、环境污染严重、产业结构失调等很多方面。根据我国所面临的经济发展方式转变中存在的诸多问题，党在十六届五中全会上通过《中共中央关于制定国民经济和社会发展第十一个五年规划的建议》，明确指出我国当前所面临的困难和问题是——粗放型经济增长方式没有根本转变，经济结构不够合理，自主创新能力不强，经济社会发展与资源环境的矛盾日益突出。② 2007 年，党的十七大提出进一步推进市场经济微观基础和宏观调控体系的建设，明确了经济体制改革与发展方式转变紧密结合的新思想，在十七大报告中要求全面掌握我国经济发展规律，提出要"加快转变经济发展方式，推动产业结构优化升级"，用"转变经济发展方式"代替了过去的"转变经济增长方式"。③ 经过五年努力奋斗，我国社会生产力快速发展，综合国力大幅提升，人民生活明显改善，国际地位和影响力显著提高，社会主义经济建设、政治建设、文化建设、社会建设以及生态文明建设和党的建设取得重大进展。2010 年，党的十七届五中全会上通过了《中共中央关于制定国民经济和社会发展第十二个五年规划的建

① 三改一加强是指改革、改造、改组和加强管理。
② 中共中央关于制定国民经济和社会发展第十一个五年规划的建议，2005 年 10 月。
③ 高举中国特色社会主义伟大旗帜　为夺取全面建设小康社会新胜利而奋斗——在中国共产党第十七次全国代表大会上的报告，2007 年 10 月。

议》，明确提出以加快转变经济发展方式为主线，是推动科学发展的必由之
路，符合我国基本国情和发展阶段性新特征。并明确指出具体要求：坚持把
经济结构战略性调整作为加快转变经济发展方式的主攻方向；坚持把科技进
步和创新作为加快转变经济发展方式的重要支撑；坚持把保障和改善民生作
为加快转变经济发展方式的根本出发点和落脚点；坚持把建设资源节约型、
环境友好型社会作为加快转变经济发展方式的重要着力点；坚持把改革开放
作为加快转变经济发展方式的强大动力。[1] 加快转变经济发展方式成为我国
经济社会领域的一场深刻变革，必须贯穿经济社会发展全过程和各领域，提
高发展的全面性、协调性、可持续性，坚持在发展中促转变、在转变中谋发
展，实现经济社会又好又快发展。[2]

伴随着社会主义市场经济体制的不断发展与完善，我国经济得以高
速增长。从社会劳动生产率的变化状况看，劳动生产率的增长幅度远高
于改革开放初期的转型阶段，经济增长的质量和效益有了很大进步，如
图 3 - 2 所示。

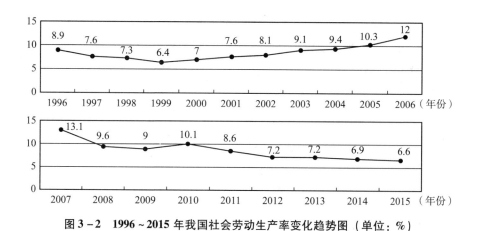

图 3 - 2　1996～2015 年我国社会劳动生产率变化趋势图（单位：%）

综上所述，随着经济体制的不断完善，我国经济发展方式也呈现出集约
化的发展趋势，这一客观发展规律是不可改变的，但我们仍然不能回避在经
济高速增长的过程中，经济发展方式转变严重滞后，尤其在片面追求高速度
发展的同时，给自然资源与环境造成的极大破坏，这样的经济发展方式是无

法持续的，我国政府也针对这一问题，在经济发展的不同阶段，制定了不同的环境规制政策。

3.2　我国经济发展不同时期环境规制的历史沿革

除了在新中国成立初期我国自然资源相对于经济发展水平而言相对充裕，政府对资源缺少有效的保护，事实上我国历来都比较重视环境保护，改革开放特别是 1989 年之后，我国政府出台了一系列的环境保护政策与措施，十七大报告和"十二五"规划中则提出实施强化的资源环境约束，必须增强危机意识，树立绿色、低碳发展理念，以节能减排为重点，健全激励和约束机制，加快构建资源节约、环境友好的生产方式和消费模式，增强可持续发展能力。但是，从全世界范围来看仍然没有找到一个公认的以可持续发展为导向的经济发展模式。我国的环境资源的使用状况已经超出了资源的承载能力，而国家正面临着在实现现代化、消除贫穷的同时实现经济快速增长的双重挑战。我国经过改革开放后三十年的不懈努力，在不同的经济发展阶段采取了不同的环境规制手段，环境污染较为严重的状况基本得到有效控制。梳理我国环境规制的发展历程，大体可分为三个阶段。

3.2.1　计划经济体制 + 外延式增长的经济发展方式下的环境规制

我国的环境质量是随着工业化的推进过程逐步发生变化的。在新中国成立初期，由于经济发展速度缓慢，工业化程度较低，环境污染问题没有显现出来。但是，随着政府把"赶英超美"作为国家发展的主线，从国家到企业开始片面强调经济增长速度和经济总量的重要性，外延式的经济增长成为我国经济发展方式的必然选择。外延式的经济增长迅速地提高了我国的工业化基础，为后来我国经济发展的整体繁荣奠定了一定的条件。由于在新中国成立初期我国处于一穷二白的困难时期，外延式增长的经济发展方式的选择必然会受到很多客观条件的制约，主要体现在以下几个方面：一是资本积累少，当选择优先发展工业时，无法通过市场调节的手段实现物资向重工业生产集中；二是工业发展属于资本密集型，而新中国成立初期我国资金明显短缺；三是技术水平低，人才匮乏，无法满足工业生产的需求。而解决这一系列问题的方法就是通过某种制度安排，使得资金、人才向工业企业集中。国家通过控制和压低土地、矿产、农产品等自然资源价格，通过国有银行的信贷压低资本使用成本，用相应的户籍制度压低劳动力价格，从而保证了低价格的生产要素流向工业生产，形成了由国家对资源进行配置的计划经济体制。

在外延式生产和计划经济体制并存的发展阶段，自然资源的产权界定不清，大多数的自然资源无法通过市场进行准确定价，而是由国家进行指令性定价，使其往往处于无价和低价的状态。1950 年后，随着我国工业化进程不断加速，重工业发展全面展开，环境破坏问题开始显现出来。但由于工业化整体水平不高，污染范围主要集中于城市地区，损害程度也不高。由于损失不大，无法引起人们的关注，也就无从谈起具体的环保策略和明确的环保理念问题。在新中国成立初期到改革开放之前，自然资源在开发过程中不断出现资源浪费和环境污染的问题，加上外延式增长的经济发展方式和计划经济体制，使环境资源遭受到一定程度的破坏。随着我国工业化水平的提高，某些工业发达地区环境急剧恶化并逐步扩展到农业区域，政府和人们开始越来越多地重视环境污染和环境保护问题，提出相关的环境保护计划，并开始制定各方面的环保法规。我国环境保护事业的发展开始于 20 世纪 70 年代，但没有建立专门的环保机构，环境规制工作主要由有关的部委兼管。环境规制的具体工作包括保护、合理开发资源及农业环境等多个方面，但是缺乏在工业生产过程中对环境产生的破坏作用的重视。

在计划经济体制 + 外延式增长的经济发展阶段，我国环境规制经历了以下发展过程，如表 3 - 1 所示。

表 3 - 1　　计划经济体制 + 外延式增长的经济发展方式下的环境规制政策

年份	环境保护工作和环境规制政策
1972	我国派代表团参加了在斯德哥尔摩召开的人类环境会议，会议通过了《人类环境宣言》，使中国代表团的成员比较深刻地了解到环境问题对经济社会发展的重大影响，决策者们开始认识到中国也存在着严重的环境问题，环境保护开始摆上国家议事日程

续表

年份	环境保护工作和环境规制政策
1972	"国务院批转的《国家计委、国家建委关于官厅水库污染情况和解决意见的报告》中第一次提出了工厂建设和"三废"利用工程要同时设计、同时施工、同时投产的要求①"
1973	国务院召开第一次全国环境保护工作会议，标志着中国环境保护事业的开端。"会议取得了3项主要成果：一是向全国人民、也向全世界表明了中国不仅认识到存在环境污染，且已到了比较严重的程度，而且有决心去治理污染，并作出了环境问题现在就抓，为时不晚的明确结论；二是审议通过了全面规划、合理布局，综合利用、化害为利，依靠群众、大家动手，保护环境、造福人民的32字环境保护方针；三是会议审议通过了中国第一个全国性环境保护文件《关于保护和改善环境的若干规定（试行）》②。"后经国务院批转全国
1974	经国务院批准正式成立了国务院环境保护领导小组。由国家计委、工业、农业、交通、水利、卫生等有关部委领导人组成，下设办公室负责处理日常工作。在这一时期的环境保护工作主要有以下4个方面：全国重点区域的污染源调查、环境质量评价及污染防治途径的研究；开展了以水、气污染治理和"三废"综合利用为重点的环保工作；制定环境保护规划和计划；逐步形成一些环境管理制度；制定了"三废"排放标准
1978	全国人大五届一次会议通过的《中华人民共和国宪法》规定，国家保护环境和自然资源，防治污染和其他公害。这是新中国历史上第一次在宪法中对环境保护作出明确的规定，为我国环境法制建设和环境保护事业的发展奠定了基础

---

① 国务院，《国家计委、国家建委关于官厅水库污染情况和解决意见的报告》。

② 《关于保护和改善环境的若干规定（试行）》（以下简称《规定》），是中国历史上第一个由国务院批转的具有法规性质的文件。《规定》共10条，第1和第2条提出"做好全面规划，工业合理布局"；第3条"逐步改善老城市的环境"，要求保护水源，消烟除尘，治理城市"四害"，消除污染；第4条"综合利用，除害兴利"规定预防为主治理工业污染，要求努力改革工艺，开展综合利用，并明确规定："一切新建、扩建和改建企业，防治污染项目，必须和主体工程同时设计，同时施工，同时投产"。其余各条对于加强土壤和植被的保护，加强水系和海域的管理，植树造林，绿化祖国，以及开展环保科研和宣传教育，环境监测工作，环保投资、设备和材料的落实也都做了规定。在国务院的批示中提出："各地区、各部门要设立精干的环境保护机构，给他们以监督、检查的职权"。根据文件的规定，在全国范围内各地区、各部门陆续建立起环境保护机构。"一切新建、扩建和改建的企业，防治污染项目，必须和主体工程同时设计、同时施工、同时投产"，"正在建设的企业没有采取防治措施的，必须补上。各级主管部门要会同环境保护和卫生等部门，认真审查设计，做好竣工验收，严格把关。从此，"三同时"成为中国最早的环境管理制度。但起初执行"三同时"的比例还不到20%，新的污染仍不断出现。这是因为当时处于中国环境保护事业的初创阶段，人们对环境保护事业的重要性了解不深；中国经济有困难，拿不出更多的钱防治污染；有关"三同时"的法规不完善，环境管理机构不健全，进行监督管理不力。

3.2.2 有计划的商品经济体制 + 外延式增长的经济发展方式下的环境规制

1978 年，党的十一届三中全会顺利召开，提出了我国现行的经济体制存在权力过分集中的问题，必须进行改革，拉开了我国经济体制由计划经济体制向市场经济体制转轨的序幕。尽管企业经营自主权逐渐增加，国家指令性计划的范围逐渐缩小，指导性计划和市场调节的范围不断扩大，但由于工业基础薄弱，人力资本水平较低，经济虽然进入快速增长时期，但仍延续着外延式增长的经济发展方式，导致环境退化也进一步加剧，生态资源的破坏范围不断扩大，危害十分严重。十一届三中全会的召开，实现了全党工作重点的历史性转变，开创了改革开放和集中力量进行社会主义现代化建设的历史新时期，我国的环境保护事业也进入了一个改革创新的新阶段。

在计划的商品经济体制 + 外延式增长的经济发展阶段，我国环境规制经历了以下发展过程，如表 3 - 2 所示。

表 3 - 2　　　　　有计划的商品经济体制 + 外延式增长的
经济发展方式下的环境规制政策

年份	环境保护工作和环境规制政策
1978	中共中央批准了国务院环境保护领导小组的《环境保护工作汇报要点》，指出：消除污染，保护环境，是进行社会主义建设，实现四个现代化的一个重要组成部分……我们绝不能走先建设、后治理的弯路。我们要在建设的同时就解决环境污染的问题，这是在中国共产党的历史上，第一次以党中央的名义对环境保护作出的指示，它引起了各级党组织的重视，推动了中国环保事业的发展
1979	颁布了《中华人民共和国环境保护法（试行）》，明确规定环境标准的制定、审批和实施权限，使环境标准有了法律依据和保证，同时标志着我国环保事业的全面展开。但此时尚未形成各级政府和有关机构协同参与的环境规制体制。比较完善的环境规制体系是从 1979 年以后真正形成的
1983	召开了第二次全国环境保护会议。这次会议是中国环境保护工作的一个转折点，为中国的环境保护事业做出了重要的历史贡献。主要有以下 4 方面：①环境保护基本国策的确立：在第二次全国环境保护会议上国务院宣布：环境保护是中国现代化建设中的一项战略任务，是一项基本国策，从而确定了环境保护在社会主义现代化建设中的重要地位；②"三同步""三统一"战略方针的提出：根据我国的国情，会议制定了环境保护工作的重要战略方针，提出："经济建设、城乡建设和环境建设同步规划、同步实施、同步发展"，实现"经济效益、社会效益与环境效益的统一"。有的环保专家认为这项战略方针实质上是环境保护工作的总政策，因为这项方针是环境保护总的出

续表

年份	环境保护工作和环境规制政策
1983	发点和归宿。环境保护总的出发点是在快速发展经济、搞好经济建设的同时，保护好环境。这就要同步规划、同步实施，促进同步协调发展。而最后的落脚点和归宿，是"三个效益"的统一；③确定了符合国情的三大环境政策：中国绝不能走先污染后治理的弯路；而由于人口众多、底子薄，在一个相当长的时期内又不可能拿出大量资金用于污染治理。会议确定把强化环境管理作为当前环境保护的中心环节，提出了符合国情的三大环境政策，即"预防为主、防治结合、综合治理""谁污染谁治理""强化环境管理"；④提出了到20世纪末的环保战略目标。会议提出：到2000年，力争全国环境污染问题基本得到解决，自然生态基本达到良性循环，城乡生产生活环境优美、安静，全国环境状况基本上同国民经济和人民物质文化生活水平的提高相适应。虽然在此之后对这个战略目标做过调整，但奋斗目标的提出为环保工作指明了方向，有利于调动广大干部和人民群众的积极性
1984	国务院发出《关于环境保护工作的决定》，对有关保护环境、防治污染的一系列重大问题，包括环境保护的资金渠道都做出了比较明确的规定，环境保护开始纳入了国民经济和社会发展计划，成为经济和社会生活的重要组成部分
1989	在北京召开了第三次全国环境保护会议，这是一次开拓创新的会议，其历史贡献主要表现如下：①提出努力开拓有中国特色的环境保护道路：20世纪80年代末，环境问题更加成为举世瞩目的重大问题，在环境保护工作实践中，我国也积累了比较丰富的经验。为了进一步推动环境保护工作上新台阶，这次会议明确提出："努力开拓有中国特色的环境保护道路"；②总结确定了八项有中国特色的环境管理制度：总结第二次全国环保会议以来的强化环境管理经验，在已有的、行之有效的环境管理制度的基础上，确定了八项有中国特色的环境管理制度，并综合运用、逐步形成合理的运行机制。按照在环境管理运行机制中的作用，八项制度可分为三个方面：一是贯彻"三同步"方针，促进经济与环境协调发展的制度，主要包括环境影响评价及"三同时"①制度。这两项制度结合起来形成防止新污染产生的两个有力的制约环节，保证经济建设与环境建设同步实施，达到同步协调发展的目标。二是控制污染，以管促治的制度，主要包括排污收费、排污申报登记及排污许可证制度，污染集中控制，以及限期治理制度。三是环境责任制与定量考核制度，主要包括环境目标责任制、城市环境综合整治定量考核等两项制度

① 根据我国《环境保护法》第26条规定："建设项目中防治污染的措施，必须与主体工程同时设计、同时施工、同时投产使用。防治污染的设施必须经原审批环境影响报告书的环保部门验收合格后，该建设项目方可投入生产或者使用。"这一规定在我国环境立法中通称为"三同时"制度。它适用于在中国领域内的新建、改建、扩建项目（含小型建设项目）和技术改造项目，以及其他一切可能对环境造成污染和破坏的工程建设项目和自然开发项目。它与环境影响评价制度相辅相成，是防止新污染和破坏的两大"法宝"，是中国预防为主方针的具体化、制度化。

年份	环境保护工作和环境规制政策
1989	第七届全国人民代表大会常务委员会第十一次会议上，为保护和改善生活环境与生态环境，防治污染和其他公害，保障人体健康，促进社会主义现代化建设的发展，通过了《中华人民共和国环境保护法》并颁布实施，确立了我国的环境规制体制是由国务院环境保护行政部门作为主管部门，对全国环境保护工作实施统一监督管理，县级以上地方人民政府环境保护行政主管部门，对本辖区的环境保护工作实施统一监督管理，国家海洋行政主管部门、港务监督、渔政渔港监督、军队环境保护部门和各级公安、交通、铁道、民航管理部门，依照有关法律的规定对环境污染防治实施监督管理，县级以上人民政府的土地、矿产、林业、农业、水利行政主管部门，依照有关法律的规定对资源的保护实施监督管理。国务院环境保护行政主管部门制定国家环境质量标准，国务院环境保护行政主管部门根据国家环境质量标准和国家经济、技术条件，制定国家污染物排放标准。省、自治区、直辖市人民政府对国家污染物排放标准中未作规定的项目，可以制定地方污染物排放标准；对国家污染物排放标准中已作规定的项目，可以制定严于国家污染物排放标准的地方污染物排放标准。国务院环境保护行政主管部门建立监测制度，制定监测规范，会同有关部门组织监测网络，加强对环境监测和管理，县级以上人民政府环境保护行政主管部门，应当会同有关部门对管辖范围内的环境状况进行调查和评价，拟订环境保护规划，经计划部门综合平衡后，报同级人民政府批准实施。建设项目的环境影响报告书，必须对建设项目产生的污染和对环境的影响作出评价，规定防治措施，经项目主管部门预审并依照规定的程序报环境保护行政主管部门批准。环境影响报告书经批准后，计划部门方可批准建设项目设计任务书

3.2.3　社会主义市场经济体制＋混合型增长的经济发展方式下的环境规制

党的十四届五中全会、十五大和十五届三中全会，提出实施可持续发展战略，实行计划经济体制向社会主义市场经济体制、粗放型经济增长方式向集约型经济增长方式两个根本性转变，可持续发展成为指导国民经济社会发展的总体战略，环境保护成为改革开放和社会主义现代化建设的重要组成部分。一直到党的十七大着重强调全面建设小康社会，深化改革开放，加快转变经济发展方式，可以看出我国经过长时间的发展，市场体系逐渐健全，所有制结构不断完善，市场在资源配置过程中的体现基础性作用，逐渐形成由国家规划、产业政策为导向社会主义市场经济体制。在此期间，我国经济保持持续的高速增长，但经济发展方式仍未完全摆脱传统的外延式特征，只有部分技术创新能力较强的企业形成了内涵式经济增长模式，从整体上看我国经济发展呈现为外延式和内涵式并存的混合型经济发展方式，相对于经济的持续高速增长，经济发展方式转变已严重滞后，表现为经济增长速度中高技术推动比重较低、生产能源比重较高、环境污染大及结构失衡等多方面。

在此阶段，国际对环境保护的重视程度及我国环境保护和规制政策皆发生翻天覆地的变化。在社会主义市场经济体制＋混合型增长的经济发展阶段，我国环境规制经历了以下发展过程，如表3－3所示。

表3－3　　　　　社会主义市场经济体制＋混合型增长的经济
发展方式下的环境规制政策

年份	环境保护工作和环境规制政策
"八五"期间	1992年在里约热内卢召开了联合国环境与发展大会，实施可持续发展战略已成为全世界各国的共识，世界已进入可持续发展时代，环境原则已成为经济活动中的重要原则。环境原则主要包括：①国际贸易中的环境原则：这项原则是指投放市场的商品（各类产品），必须达到国际规定的环境指标，发达国家的政府实行环境标志制度（环发大会后我国也已开始实行），对达到环境指标要求的产品颁发环境标志，在国际贸易中将采取限制数量，压低价格甚至禁止进入市场等方法控制无环境标志的产品进口。②工业生产发展的环境原则：1989年联合国环境规划署决定在全世界范围内推广清洁生产，1991年10月在丹麦举行了生态可承受的（生态可持续性）工业发展部长级会议，因而，推行清洁生产，实现生态可持续工业生产成为工业生产发展的环境原则，生态可持续性工业发展，要求经济发展方式进行根本转变，由粗放型向集约型转变，这是控制工业污染的最佳途径。③经济决策中的环境原则：实行可持续发展战略，就必须推行环境与发展综合决策（环境经济综合决策），在整个经济决策的过程中都要考虑生态要求，控制开发建设强度不超资源环境的承载力，使经济与环境协调发展，世界进入可持续发展时代。环境原则不但成为经济活动的重要原则，也已成为人类社会行为的重要原则。联合国环境与发展大会之后，中国在世界上率先提出了《环境与发展十大对策》，第一次明确提出转变传统发展模式，走可持续发展道路。随后中国又制定了《中国21世纪议程》《中国环境保护行动计划》等纲领性文件，提出了我国可持续发展的总体战略、对策以及行动方案，确定了污染治理和生态保护重点，加大了执法力度，积极稳步推行各项环保管理制度和措施，环境保护工作取得了较好的效果
"九五"期间	全国人大八届四次会议审议通过了《中华人民共和国国民经济和社会发展"九五"计划和2010年远景目标纲要》，把实施可持续发展作为现代化建设的一项重大战略，使可持续发展战略在我国经济建设和社会发展过程中得以实施。 1996年7月，国务院召开第四次全国环境保护会议，提出保护环境是实施可持续发展战略的关键，保护环境就是保护生产力。会议进一步明确了控制人口和保护环境是我国必须长期坚持的两项基本国策；在社会主义现代化建设中，要把实施科教兴国战略和可持续发展战略摆在重要位置，强调要做好5个方面的工作：一是节约资源；二是控制人口；三是建立合理的消费结构；四是加强宣传教育；五是保护自然生态。同时强调了实现环境保护奋斗目标的"四个必须"，即：必须严格管理，必须积极推进经济发展方式的转变，必须逐步增加环保投入，必须加强环境法制建设。第四次全国环保会议提出了两项重大举措，对于实施可持续发展战略和实现跨世纪环境目标，具有十分重要的作用。一是"九五"期间全国主要污染物排放总量控制计划，这项举措实质上是对12种主要污染物（烟尘、粉尘、二氧化硫（SO_2）、化学需氧量（COD）、石油类、汞、镉、六价铬、铅、砷、氰化物及工业固体废物）的排放量进行总量控制，

年份	环境保护工作和环境规制政策
"九五" 期间	要求其 2000 年的排放总量控制在国家批准的水平；二是中国跨世纪绿色工程规划，这项举措是《国家环境保护"九五"计划和 2010 年远景目标》的重要组成部分，也是《"九五"环保计划》的具体化。它有项目、有重点、有措施，在一定意义上可以说是对"六五""七五""八五"历次环保 5 年计划的创新和突破，也是同国际接轨的做法。国务院做出了《关于加强环境保护若干问题的决定》，明确了跨世纪环境保护工作的目标、任务和措施。我国环境保护事业得到了进一步加强，环境保护事业进入了快速发展时期。国务院发布了《关于环境保护若干问题的决定》，实施《污染物排放总量控制计划》和《跨世纪绿色工程规划》，大力推进"一控双达标"（控制主要污染物排放总量，工业污染源达标和重点城市的环境质量按功能区达标）工作，全面展开"三河"（淮河、海河、辽河）、"三湖"（太湖、滇池、巢湖）水污染防治，"两控区"（酸雨污染控制区和二氧化硫污染控制区）大气污染防治、"一市"（北京市）、"一海"（渤海）（简称"33211"工程）的污染防治，环境污染防治初步取得阶段性进展。国家确定的"九五"环保目标已基本实现，环境保护工作取得了较大的成绩 1998 年，国务院机构改革中将国家环保局升格为部级的国家环境保护总局，并对有关管理部门进行了合并，如国土资源部、农林水利部等。这段时间，国家还制定或修订了一系列相关法律法规，包括水污染防治、海洋环境保护、大气污染防治、环境噪声污染防治、固体废物污染环境防治、环境影响评价、放射性污染防治等环境保护法律，以及水、清洁生产、可再生能源、农业、草原和畜牧等与环境保护关系密切的法律；国务院还制定或修订了《建设项目环境保护管理条例》《水污染防治法实施细则》《危险化学品安全管理条例》《排污费征收使用管理条例》《危险废物经营许可证管理办法》《野生植物保护条例》《农业转基因生物安全管理条例》等 50 余项行政法规；发布了《关于落实科学发展观加强环境保护的决定》《关于加快发展循环经济的若干意见》《关于做好建设资源节约型社会近期工作的通知》等法规性文件。国务院有关部门、地方人民代表大会和地方人民政府依照职权，制定和颁布了规章和地方法规 660 余件
"十五" 期间	"十五"期间，党中央提出了树立科学发展观、构建和谐社会的重大战略思想。为落实科学发展观，国家颁布了一系列的环境保护法律、自然资源法、环境保护行政法规、环境保护部门规章和规范性文件、地方性环境法规和地方政府规章等。2002 年 1 月 8 日，国务院召开第五次全国环境保护会议，提出环境保护是政府的一项重要职能，要按照社会主义市场经济的要求，动员全社会的力量做好这项工作。会议的主题是贯彻落实国务院批准的《国家环境保护"十五"计划》，部署"十五"期间的环境保护工作。 2006 年 4 月 17 日，第六次全国环境保护大会北京召开。中共中央政治局常委、国务院总理温家宝出席会议并发表重要讲话。他强调，保护环境关系到我国现代化建设的全局和长远发展，是造福当代、惠及子孙的事业。我们一定要充分认识我国环境形势的严峻性和复杂性，充分认识加强环境保护工作的重要性和紧迫性，把环境保护摆在更加重要的战略位置，以对国家、对民族、对子孙后代高度负责的精神，切实做好环境保护工作，推动经济社会全面协调可持续发展

续表

年份	环境保护工作和环境规制政策
"十一五"期间	国家进一步加大环境保护力度，制定了建设资源节约型、环境友好型社会，大力发展循环经济，加大自然生态和环境保护力度，强化资源管理等一系列政策；建立了节能降耗、污染减排的统计监测、考核体系和制度，极大地促进了我国环境保护事业的进一步发展。2008 年，国务院机构改革方案正式公布，国家环境保护总局改组为环境保护部，将原国家环境保护总局的职责划入环境保护部，负责建立健全环境保护基本制度，重大环境问题的统筹协调和监督管理，承担落实国家减排目标的责任，组织制定主要污染物排放总量控制和排污许可证制度并监督实施，提出实施总量控制的污染物名称和控制指标，督查、督办、核查各地污染物减排任务完成情况，实施环境保护目标责任制、总量减排考核并公布考核结果。承担从源头上预防、控制环境污染和环境破坏的责任，负责环境污染防治的监督管理。制定水体、大气、土壤、噪声、光、恶臭、固体废物、化学品、机动车等的污染防治管理制度并组织实施，会同有关部门监督管理饮用水水源地环境保护工作，组织指导城镇和农村的环境综合整治工作。指导、协调、监督生态保护工作，拟订生态保护规划，组织评估生态环境质量状况，监督对生态环境有影响的自然资源开发利用活动、重要生态环境建设和生态破坏恢复工作。负责核安全和辐射安全的监督管理。负责环境监测和信息发布，制定环境监测制度和规范，组织实施环境质量监测和污染源监督性监测。组织、指导和协调环境保护宣传教育工作，制定并组织实施环境保护宣传教育纲要，开展生态文明建设和环境友好型社会建设的有关宣传教育工作，推动社会公众和社会组织参与环境保护。 全国人大常委会修订了《水污染防治法》，制定了《循环经济促进法》。在《侵权责任法》、《物权法》和其他有关法律中，特别规定了有关环境保护的内容。最高人民法院和最高人民检察院分别做出了关于惩治环境犯罪的司法解释。《大气污染防治法（修订草案）》已提请国务院审议。完善环境行政法规。国务院制定或者修订了《规划环境影响评价条例》《全国污染源普查条例》《废弃电器电子产品回收处理管理条例》《消耗臭氧层物质管理条例》《民用核安全设备监督管理条例》《放射性物品运输安全管理条例》《防治海岸工程建设项目污染损害海洋环境管理条例》7 项环保行政法规，发布了《节能减排综合性工作方案》《关于加强重金属污染防治工作的指导意见》等法规性文件。此外，国务院环保部门组织起草的《放射性废物安全管理条例（草案）》《环境监测管理条例（草案）》《畜禽养殖污染防治管理条例（草案）》已提请国务院审议。出台环境保护部门规章。国务院环保部门制定或者修订了《环境信息公开办法（试行）》《环境监测管理办法》《电子废物污染环境防治管理办法》《限期治理管理办法（试行）》《环境行政处罚办法》《环境标准管理办法》等 26 个部门规章
"十二五"期间	《中共中央关于制定国民经济和社会发展第十二个五年规划的建议》把建设生态文明作为最高纲领，并颁布了《国家环境保护"十二五"规划》，《国家环境保护"十二五"规划》是国家"十二五"规划的重要组成部分，推进实施《规划》，努力建设资源节约型、环境友好型社会，提高生态文明水平，不仅仅是国家环境保护战略，更是支撑科学发展、促进发展方式转变的重大举措，对于实现国家"十二五"战略目标具有重大意义。到 2015 年，主要污染物排放总量显著减少；城乡饮用水水源地环境安全得到有效保障，水质大幅提高；重金属污染得到有效控制，持久性有机污染物、危险化学品、危险废物等污染防治成效明显；城镇环境基础设施建设和运行水平得到提升；生态环境恶化趋势得到扭转；核与辐射安全监管能力明显增强，核与辐射安全水平进一步提高；环境监管体系得到健全①

① 国务院关于印发国家环境保护"十二五"规划的通知，2011 年 12 月 15 日。

续表

年份	环境保护工作和环境规制政策
"十三五" 期间	《中共中央关于制定国民经济和社会发展第十三个五年规划的建议》强调，坚持绿色发展，着力改善生态环境，推动形成绿色发展方式和生活方式，推动低碳循环发展，全面节约和高效利用资源，加大环境治理力度。《国务院"十三五"生态环境保护规划》指出，以提高环境质量为核心，实施最严格的环境保护制度，打好大气、水、土壤污染防治三大战役，加强生态保护与修复，严密防控生态环境风险，加快推进生态环境领域国家治理体系和治理能力现代化

从上述中国环境规制的历史沿革中不难看出，随着环境问题的日益突出，国家对环境保护问题越来越重视。

3.3　我国环境规制过程中取得的成效和存在的问题

3.3.1　我国环境规制过程中取得的成效

从新中国成立到现在 60 多年来，特别是自改革开放之后，随着环境问题日益严重和人们的环保意识逐渐提高，我国对环境保护政策从无到有，覆盖范围从小到大，不断发展，环境规制制度也进一步完善，环境污染治理力度逐步加大，环境污染治理投资稳步增加。20 世纪 70 年代的环境保护主要以实行"三废"治理、资源综合利用为目标；20 世纪 80 年代则强调排污许可证制、污染的集中控制和限期治理等制度；20 世纪 90 年代提出可持续发展战略，强调工业污染防治由末端治理向生产全过程控制转变，由浓度控制向浓度与总量控制相结合转变，由分散治理向分散与集中控制相结合转变的三个转变；2000 年后，国家对环境污染防治工作更加重视，"大力推行清洁生产，发展循环经济，工作力度不断加大，工业'三废'治理取得成效，增强危机意识，树立绿色、低碳发展理念，以节能减排为重点，健全激励和约束机制，加快构建资源节约、环境友好的生产方式和消费模式，增强可持续发展能力。[①]"政府把环境规制与推动经济发展方式转变、污染治理与促

————————

① 中共中央关于制定国民经济和社会发展第十二个五年规划的建议，2010 年 10 月 18 日。

进经济结构调整等有机地结合在一起，促进环境保护在我国得到快速发展。

(1) 环境污染得到有效控制

随着社会经济的发展，作为主导地位的工业越来越发达，工业"三废"排放带来的污染问题也越来越引起人们的高度重视。经过多年环境规制体系的构建，对多数污染严重的企业采取利用资源和能源综合处理、加强污染治理工程建设，清理整顿、取缔关闭违法企业等措施，减轻了对环境的污染，收到了比较明显的效果，如表 3 - 4 所示。

表 3 - 4　　　　　　　　　　工业"三废"治理效率情况　　　　　　　　单位: %

指标	2001 年	2002 年	2003 年	2004 年	2005 年	2006 年	2007 年	2008 年	2009 年	2010 年
工业废水排放达标率	85.2	88.3	89.2	90.7	91.2	90.7	91.7	92.4	94.2	95.3
工业二氧化硫排放达标率	61.3	70.2	69.1	75.6	79.4	81.9	86.3	88.8	91.0	92.1
工业烟尘排放达标率	67.3	75.0	78.5	80.2	82.9	87.0	88.2	89.6	90.3	90.6
工业粉尘排放达标率	50.2	61.7	54.5	71.1	75.1	82.9	88.1	89.3	89.9	91.4
工业固体废物综合利用率	52.1	51.9	54.8	55.7	56.1	60.2	62.1	64.3	67.0	66.7

资料来源: 根据中国环境统计年鉴 2001 ~ 2010 年相关数据整理。

以 2010 年为例，全国工业废水排放达标率为 95.3%，比上年提高 1.1 个百分点。全国工业二氧化硫排放达标率为 92.1%，比上年提高 1.1 个百分点。全国工业烟尘排放达标率为 90.6%，与上年基本持平。全国工业粉尘排放达标率为 91.4%，比上年提高 1.5 个百分点。全国工业氮氧化物排放达标率为 87.9%，与上年基本持平。全国工业固体废物综合利用率为 66.7%，与上年基本持平。可见，通过有效的环境规制手段，我国在工业"三废"排放上实现了预定目标。

在排污总量方面，国家积极推进工程减排，新增燃煤脱硫机组总装机容量，狠抓结构减排，全国淘汰落后产能企业，关闭小火电机组、淘汰小炼铁、小炼钢、小炼焦、小造纸等；加快管理减排，加强污染减排指标、统计和监测体系建设，不断加大责任追究力度，对减排工作进展不力的城市和地区实施区域限批，推动主要污染物减排工作顺利进展。2015 年，全国化学需氧量排放总量 2223.5 万吨，比上年减少 3.1%；全国二氧化硫排放量为 1859.1 万吨，比上年减少 5.8%。继续保持了双下降的良好态势。

（2）环境污染治理投资稳步增加

改革开放之后，我国开始不断加大环境保护投资力度。国家开始重视改善环境质量和保证经济发展，并致力于增加环境保护投资。投资机制和投资渠道逐步建立，为环境保护提供了重要的物质保障。近几年来，国家通过政府、企业、民间、社会以及引进外资等多种渠道加大环境保护的投入力度，特别是国债资金将生态建设和环境保护作为投资重点，带动了社会资金对生态环境的投入。城市污水和垃圾处理收费政策逐步完善，污染治理的市场化进程不断加快，为我国的环保投入开辟了多方渠道。我国近十年的环境污染投资状况如表 3 - 5 所示。

表 3 - 5   全国近年环境污染治理投资情况   单位：亿元

年度	城市环境基础设施建设投资	工业污染源治理投资	建设项目"三同时"环保投资	投资总额
2001	595.7	174.5	336.4	1106.6
2002	785.3	188.4	389.7	1363.4
2003	1072.4	221.8	333.5	1627.3
2004	1141.2	308.1	460.5	1909.8
2005	1289.7	458.2	640.1	2388.0
2006	1314.9	483.9	767.2	2566.0
2007	1467.8	552.4	1367.4	3387.6
2008	2247.7	542.6	2146.7	4937.0
2009	3245.1	442.6	1570.7	5258.4
2010	5182.2	397.0	2033.0	7612.2
2011	4557.2	444.4	2112.4	7114.0
2012	5062.7	500.5	2690.4	8253.5
2013	5223.0	849.7	3425.8	9037.2

资料来源：根据中国环境统计年鉴 2001 ~ 2013 年相关数据整理。

可见，2013 年环境污染治理投资为 9037.2 亿元，比上年增加 9.5%，占当年 GDP 的 1.52%。其中，城市环境基础设施建设投资 5223.0 亿元，比上年增加 3.17%；工业污染源治理投资 849.7 亿元，比上年减少 69.8%；建设项目"三同时"环保投资 3425.8 亿元，比上年增加 27.3%，执行"三同时"项目用于环保工程的实际投资变化如图 3-3 所示。环境污染治理投资处于稳步上升阶段，投资的不断增加能够进一步促使我国环境保护的发展。

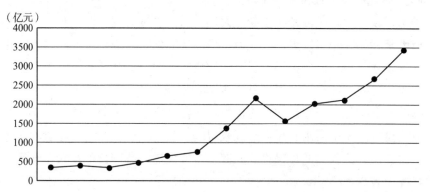

图 3-3   全国实际执行"三同时"建设项目环保投资情况

(3) 环境保护法律法规体系不断健全

通过修订现有法律和制定新法，环境保护法律体系不断完善，从法律上、制度上推动中央重大决策部署的贯彻落实，解决环保事业发展中带有根本性、全局性、稳定性和长期性的问题。国家以环境保护为对象制定、颁布和修订了多项环境保护专门法以及与环境保护相关的资源法，初步形成了适应市场经济体系的环境法律和标准体系，为环保领域实现有法可依奠定了基础。改革开放以来，环境立法逐渐建立了由综合法、污染防治法、资源和生态保护法、防灾减灾法等法律组成的环境保护法律体系。目前已经形成了以《中华人民共和国宪法》为基础，以《中华人民共和国环境保护法》为主体的环境法律体系。我国的环境立法发展十分迅速，特别是 20 世纪 90 年代，全国人大环境与资源保护委员会的成立，加快了资源环境立法的进度。在资源和生态保护方面，我国相继出台了《土地管理法》《矿产资源管理法》《水法》《煤炭法》《水土保持法》等；在防灾减灾方面，制定了

《防震减灾法》《防洪法》和《气象法》等；在污染防治方面，我国先后制定了《大气污染防治法》《水污染防治法》《环境噪声污染防治法》《固体废物污染环境防治法》等。这些法律法规，对我国环境保护法规体系的逐步完善，限制破坏资源环境的活动，加快治理污染的进程，起了重要的促进作用。

3.3.2　我国环境规制过程中存在的问题

(1)　环境规制政策作用环节还不全面

从社会再生产过程看，环境规制手段的作用范围更多的是集中于企业生产环节，主要通过行政性的环境规制手段，在生产具体排污数量上对生产所使用的技术方法、机器设备等方面进行约束，制定出相应标准，但是对于生产后续的流通环节以及分配和消费环节并没有全面的环境规制政策加以约束，使得企业间和企业与消费者之间产品买卖过程中无须考虑产品的环保因素，在消费者使用产品过程中也没有针对有利于环保的产品给予优惠措施，而一般节能环保性产品的研发和生产成本都高于普通产品，导致环保成本由消费者承担，使得环保效果无法进一步提高。即使在生产环节，我国的环境规制政策手段也过于单一，更多依托于排污标准和技术标准，缺乏针对排污量方面的市场激励手段，独立征收的环境税种尚未建立，可交易的排污许可证制度也还停留在研讨阶段，没有有效的排污许可证的分配制度和许可证的交易市场，使环境规制政策效果无法得以充分发挥。

(2)　环境法律法规制度体系不完善

在环境规制的法规体系中，还有某些领域存在着空白。在核设施安全、危险化学品的检测和管理、电磁辐射和光污染、有机污染物、生物产品的安全和土壤的保护等众多方面，都还没有相应的法律法规加以限定。我国环境法律法规中确立的环境规制制度达二十多项，但不少法律制度的内容重叠、交叉，甚至相互矛盾，这不仅浪费了有限的立法资源，又导致法律之间相互冲突，不仅增加了修订工作的难度，也给执法工作造成困难。现行环保立法关于环境违法行为法律后果的规定，行政处罚普遍偏轻，民事赔偿范围过窄，刑事制裁乏力。较低的环境违法成本，难以对违法行为起到有效的惩罚和威慑作用。同时，约束政府行为的法律制度不完善。政府是环境保护的主要责任主体，政府履行环境保护职责的好坏直接关系到当地环境质量的优劣。现行环保法律对政府行为规范不够，对于与环境保护相关的行政决策和行政执行行为，法律监督和制约制度不够完善。环保社会监督的法律机制不健全。现行环保法律关于公民环境权益、环境损害赔偿和环境纠纷调解处理等规定尚不完善，公众参与环境决策、环境监督以及自身环境权益维护缺乏程序和渠道，公众的环境监督作用难以有效发挥。

（3）环境规制政策对经济发展有一定制约性

环境规制的目的就在于使外部的环境成本内部化到企业内部，主要通过对过对资源环境的使用价格、排污价格、税收机制和排污许可证发放和交易机制来实现，最终形成环境损害成本的合理分担机制。但是，不完善的环境规制成本的分担机制对经济发展具有一定的约束效应，抑制了经济增长，如：由于水资源的污染导致缺水政策要求大幅度提高使用水价格，从而提高企业的生产成本，使企业的生产能力下降；矿产资源、石油和煤炭等能源资源数量下降，政府采取相应的规制手段对矿产资源进行合理保护，都将使企业在使用矿产资源和能源的时候成本不断提高，抑制经济增长速度；在环境得到有效保护的同时，在一定程度上阻碍了经济增长速度，环境治理也需要大量的资本投入，在一定程度上占用了企业或社会用于经济发展的有限资金，使经济增速进一步下降。有效的环境规制应从根本上解决"资源低价、环境无价"导致的资源配置不合理问题。目前该机制尚未有效形成，市场主体加大环保投资、防控环境风险的内在动力不足，绿色信贷、环境污染责任保险、绿色证券等环境经济政策有效实施缺乏根本推动力。[①]

---

① 环保部政策法规司，"十二五"全国环境保护法规和环境经济政策建设规划，2011 年 11 月。

第 4 章

经济发展方式转变背景下构建
环境规制体系的必要性

从新制度经济学的观点看，经济增长的实现以及经济增长的方式是经济制度的结果，经济的增长包括人均产出水平的提高、技术进步、资本积累都是经济增长的变现而不是经济增长的原因，经济增长的根本原因是经济制度。① 经济制度 – 产权制度界定了个人和组织的经济活动的权利和收益，对个人和组织提供了创新的激励，使得个人经济活动的成本（收益）与社会成本（收益）趋于一致，从而促进创新、资本积累、教育与培训、规模经济，最终导致了经济的增长。对于技术创新、发明以及在资源和环境利用方面的产权界定存在的技术和成本方面的难题导致的产权界定的高成本，导致了在资源环境方面产权界定和实施的困难，出现了经济增长过程中的对环境资源的过度消耗和经济增长的不可持续性。因此，要实现经济的可持续增长必然要求建立在资源和环境配置领域的合理制度，其关键就是建立起资源和环境配置的产权制度，降低交易成本，实现个人成本（收益）与社会成本（收益）趋于一致。

发展经济学对于经济发展内涵的认识是一个逐步深化的过程，从最初的将经济发展简单等同于经济增长到将经济的可持续增长作为经济发展的目标。认识过程的转变反映在实际的经济发展过程中经济增长的可持续性越来越受到资源环境的制约。经济可持续增长目标的实现在于有利于环境友好和资源节约的技术创新，经济社会如何能够走上一个自我的内生的技术创新

---

① 道格拉斯·诺思，罗伯斯·托马斯. 西方世界的兴起［M］. 北京：华夏出版社.1999；道格拉斯·诺思. 经济史上的结构和变革［M］. 北京：商务出版社，2002.

道路，其关键在于有利于技术创新的制度。环境规制政策是构建经济可持续增长的技术创新制度的重要组成部分，环境规制政策通过建立有效的惩罚和激励机制约束、激励政府、企业、事业单位、个人在进行生产、消费和公共产品生产决策时将资源环境的外部成本和收益内部化，也就是使个人收益与社会收益相一致。

改革开放三十年来，我国的国民经济增长速度一直呈现高速增长态势，但是与之而来的是作为经济增长基础的资源环境问题不断的恶化，我国经济增长面临着如何能够实现可持续发展的问题。我国的经济高速增长是社会主义市场经济体制的必然结果，但是前期的高速经济增长很大程度上是建立在对资源和环境不可持续利用的基础之上的，造成我国经济增长的这种局面显然是与社会主义市场经济体制不完善、不完全有关的。环境规制体系的滞后和不完善是一个重要的方面。因此要实现可持续经济增长，必须转变经济发展方式，而经济发展方式的转变就要从制度和政策的改革和完善入手，通过建立符合社会主义市场经济体制的环境规制体系促进技术进步进而实现经济的可持续发展。

4.1 转变经济发展方式是经济发展的必然要求

市场经济体制的基础就是在资源利用权益的明确界定，所谓市场交换，是自主的市场主体之间的产权交换，市场经济体制的前提是明确产权和保护产权不受侵犯。但是对于资源和环境方面产权的界定要面临较高的成本或者从技术方面来讲是不可能的。因此，资源环境方面确立完全的市场交易是不可行的，政府通过政策进行干预就成为必然的选择。环境规制政策体系的完善是市场机制完善的必要组成部分，通过建立符合市场经济体制的环境规制政策，构建经济发展方式转变的制度基础，实现经济可持续增长。

4.1.1 经济发展方式转变的必然性

经济发展方式可以分为集约型与粗放型经济增长方式，从粗放型增长向集约型增长的转变，是经济增长的一般趋势，这个内在的规律性可以通过经济增长方式的阶段性演变反映出来，并展现出不同的特征。迈克尔·波特从

世界各国经济增长的历史过程中总结了经济增长的四个阶段：生产要素驱动
阶段、投资驱动阶段、创新驱动阶段和财富驱动阶段。[①]

　　经济增长呈现出阶段性是人类经济社会发展不断受到人口资源环境制约
并且不断克服这种制约的一般性规律。在遭受到没有大规模积累和技术进步
的"马尔萨斯陷阱"之后，以机器大工业为代表的工业革命在一定程度上
克服了经济发展的人口—土地制约。但是以资本为核心驱动的经济增长在持
续了上百年之后，人类经济发展又面临着一个重要的制约，驱动工业发展的
自然资源、能源和环境成为经济增长的"瓶颈"。在资本驱动阶段也伴随着
技术的创新和制度的创新，但是这一阶段的创新并不是以环境和资源的可持
续利用为主导的。在面临资源环境约束的条件下要实现经济的可持续增长，
就要求之于新的技术和制度创新。

　　经济增长呈现出的规律性特征表明了以消耗资源和环境为代价的粗放式
经济增长是不可避免的阶段，不论从发达的市场经济国家或者不发达的市场
经济国家抑或是计划经济体制的社会主义国家，都可以发现在经济增长初期
的粗放性特征。但是，经济增长阶段的规律性也表明，一个国家如果只是持
续粗放型的增长，而不进行适时的转变，那么其经济增长必然是不可持续
的，经济增长必然会因为资源环境的约束而停滞。

　　第一，以资源耗费和环境破坏为特征的粗放式的经济增长方式是不可能
自我维持的。粗放式的经济增长或波特所讲的资源驱动型或资本驱动型的经
济增长皆建立在以自然资源和环境为基本投入的生产过程，产出越多意味着
资源环境的耗费越大。经济增长从一个大的系统来看，环境与经济系统的关
系可被视为一个封闭的系统，[②] 资源和环境既是经济活动的投入者也是经济
活动所产生的负面影响的有限度的容纳者。对于一些资源尤其是不可再生性

---

　　① 经济增长的历史过程，首先表现为要素驱动阶段，即资源经济阶段，经济发展的主要驱动
力来自基本生产要素，即廉价的劳力、土地、矿产等资源，特征是劳动密集型产业成为主导产业；
其后则为投资驱动阶段，即资本经济阶段，经济发展的主要驱动力来自大规模的投资及生产，特征
是资本密集型产业成为这一阶段的主导产业；第三为创新驱动阶段，即知识经济阶段，经济发展的
驱动力来自于技术创新，经济发展特征为知识密集型产业是该阶段的主导产业；第四为财富驱动阶
段，即第三产业的分化阶段，追求人的个性的全面发展和生活享受，成为经济发展的新的主动力，
自然产业、精神产业和社会产业成为这一阶段的主导产业。迈克尔·波特. 经济发展的四个阶段，
国家竞争优势 [M]. 北京：华夏出版社，2005（7）：P527 - 557.
　　② 封闭系统指的是没有投入物（能量和物质）得自于系统之外同时也没有产出物脱离这个系
统。如果没有新的能量输入的话，任何一个封闭系统一定会最终耗尽所有的能量。汤姆·泰坦伯格.
环境与自然资源经济学 [M]. 北京：经济科学出版社，2003（6）：18.

的可耗竭资源以及具有一定容纳能力的环境来讲，其支持粗放式经济增长的能力是有限的。自然资源和环境作为一种资产，其可利用的量是有限的，在其他投入不断增长的过程中，生产也必然会遭遇报酬递减的阶段，报酬递减是与经济的持续增长不相容的。

第二，粗放的经济增长方式是一种成本很高的经济增长方式，其本身就是不"经济"的。资源环境问题的挑战不单是来自于发展的缺乏，也来自于经济发展的意料不到的结果——经济的发展和生活水平的改善，来自于更多的能源、原材料、自然资源的消耗和制造污染的基础之上。萨缪尔森在其《经济学》一书中引用一位激进派人士的话"不要向我提国民总产值这一概念，对我而言，GNP的意思就是国民总污染"。[①] 世界环境与发展委员会所著的《我们的共同的未来》一书中指出：经济进展的过程同时也带来了使地球和人类难以长期忍受的趋势，这些趋势可以分为"发展的失败"和"人类管理环境的失败"。[②] 由粗放经济增长方式导致的资源过度耗费和环境污染对于人类福利来讲是一种负面产出，因此在衡量经济增长的净福利时要从以货币计量的市场产出中减去环境污染和资源耗费的成本。

第三，粗放式经济增长方式导致经济发展的失衡。经济增长的过程是经济结构的合理化和高度化的过程，但是从世界不同国家的经济增长实际情况来看，一些国家的经济增长是建立在失衡的经济结构之上的——过度依赖资源和劳动投入以及环境破坏性的产业占国民经济的很大比重、片面的城市化、城乡差距巨大、收入分配差距大、贫困问题严重等。而这些问题尤其在发展中国家比较普遍和严重。西方发达国家在经济增长的过程中，也曾经出现过"资源的诅咒""荷兰病"等经济畸形发展的情况，这些都是经济增长过度依赖某种资源的耗费的结果。不论是市场原因还是人为的制度和政策原因造成自然资源、劳动力相对价格低、环境损害不能计入私人生产的成本都会导致经济增长结构的失衡。粗放式的经济增长方式形成的国民经济结构具

---

① 萨缪尔森（P. A. Samuelson）在70年代为替代国民生产总值提出了经济净福利的概念（net economic welfare，NEW），计算方法与经济福利量相同。萨缪尔森在诺德豪斯和托宾的研究基础上，把美国的经济净福利估计延伸到1976年，证明按人均计算的经济净福利要比国民生产总值增长缓慢得多。日本的筱原三代平等经济学家，按1970年价格计算的日本经济净福利表明，日本在1955年和1970年由于环境污染造成的经济损失估计分别为550亿日元和64700亿日元，占经济净福利分别为0.2%和13.8%，环境污染的代价相当沉重。萨缪尔森. 经济学（上册）[M]. 北京：商务出版社，1990：5.

② 世界环境与发展委员会. 我们共同未来 [M]. 长春：吉林人民出版社，1997（12）：3.

有路径依赖和经济发展"锁定"效应，阻碍了经济结构的高度化和合理化。经济结构的失衡既不利于经济增长质量的提高而且不利短期的宏观经济稳定。

第四，粗放的经济增长方式导致经济发展中的不公平。资源环境问题是一个代际公平的问题，粗放型的经济增长方式实质上是建立在对后代资源的掠夺性利用的基础之上的。当代人利用资源满足自身的消费，但是成本转嫁到后代人身上。粗放式的经济增长不但对于后代人来说是不公平，而且在当代人之间也会产生财富和收入的不平等。粗放式的经济增长特点就是经济增长、经济发展主要是依靠自然资源和投资的增加。资源的占有和开发权一般来讲在国民中的分配是极度不平等的，主要的基础性资源一般是为某一特殊集团所拥有，形成了资源占有和利用的垄断。这样就在收入的结构上就出现了一个资本和自然资源所有者收入份额不断提高，而劳动和专业劳动（人力资本）的所有者的收入份额不断降低。我们都知道，收入水平越高的人，或者资本收入、自然资源所有者的收入主要是政府的收入和最富裕的人群的收入份额提高。

总之，粗放式经济增长方式是不可持续的经济增长方式，经济增长方式必须转变，转变的要求是从高投入、高能耗、高排放、低效益的经济增长方式转为低投入、低能耗、低排放、高效益的经济增长方式，已经不再是单纯地要求由粗放型经济增长方式向集约型增长方式转变了。

4.1.2　经济发展方式转变的制度基础

当传统的经济发展方式阻碍了经济发展的质量或者使经济发展不可持续、经济发展的成本越来越高时，经济发展方式就需要转变。在不同的经济体制下——市场经济体制和计划经济体制下，经济发展方式转变的机制和绩效是不同的。从经济发展的历史看，在计划经济体制下要实现经济发展方式的转变是不成功的，这是由于计划经济体制有着内部的缺陷——计划经济体制往往对于经济主体的激励是不成功的，即便是能够模拟市场的价格体系（实质上这个价格体系不完全具有激励、信息传递和配置资源的功能）。因此，实行计划经济体制的国家经济发展方式往往是粗放式的，当这种经济发展方式遇到困难时，计划部门也会试图做出调整，但是并不能改变粗放式发展的本质。实施计划经济体制的社会主义国家在 20 世纪末，普遍的经济体制转型原因就是计划化经济体制下的粗放经济发展方式难以为继。而对于采取传统发展经济学建议的对经济进行计划控制、对市场价格进行干预的发展中国家，经济发展也出现了严重的问题——产业结构失调、城乡发展差距扩大、收入差距扩大、贫困问题严重、资源配置效率低下。而这些问题的根本就在于经济体制，经济体制不能为微观经济主体提供一个对资源进行合理有效配置的信息、激励机制。

市场经济体制具有自我调整的功能，当外部的经济约束发生变化时，市场体系会通过以价格为核心的信号激励具有个人利益的经济主体重新配置资源。虽然市场经济体制的这种资源配置方式也存在着外部性、信息不完全、信息不对称、激励扭曲、时滞等缺陷（当然出现这些情况时市场会产生相应的解决方式，市场中的组织与制度就是这样产生的），现实的市场体制不可能达到完全市场条件下的资源配置，但是资源的重新配置和经济结构的调整会必然出现。市场经济体制下市场是资源配置的基础，当市场出现失灵时，就为政府的干预留下了发挥作用的空间，但是市场不能做或者做不好的事情政府也不一定能够做或者能够做好。因此，现代市场经济体制是一种混合经济体制——私人、政府、公共组织都在参与资源的配置，市场和政府都对经济的运行进行调节。经济发展的历史表明实行市场经济体制的经济发达国家的经济发展一般都符合经济发展阶段的递进规律。

当经济发展面临着环境资源问题制约时，市场经济体制就面临着挑战，因为：

第一，从目前的资源耗竭和环境污染的实际看，西方发达市场经济国家在经济发展的过程中对资源的耗竭和环境污染负有很大的责任。西方发达市场经济国家在经济取得长足进展，尤其是第二次世界大战之后的经济增长是世界资源耗费和环境污染的主要原因（见表4－1），联合国环境规划署的数据表明20世纪全球物质使用量的增加部分原因是人口的增长，大部分消费和生产是发达国家人均物质使用量先上升后保持稳定的结果。

表4－1　　　　　　世界消费量分配（1980～1982年平均值）

商品	人均消费量单位	发达国家（占世界人口26%）		发展中国家（占世界人口74%）	
		占世界消费量比重	人均消费量	占世界消费量比重	人均消费量
粮食					
热量	卡路里/天	34	3395	66	2389
蛋白质	克/天	38	99	62	58

续表

商品	人均消费量单位	发达国家（占世界人口26%）		发展中国家（占世界人口74%）	
		占世界消费量比重	人均消费量	占世界消费量比重	人均消费量
脂肪	克/天	53	127	47	40
纸	千克/年	85	123	15	8
钢	千克/年	79	455	21	43
其他金属	千克/年	86	26	14	2
商业能源	公吨煤当量/年	80	5.8	20	0.5

资料来源：世界环境与发展委员会. 我们共同未来 ［M］. 长春：吉林人民出版社，1997：38.

第二，在最近十年新兴的经济体人均资源的使用量也在增加，比如中国、印度、巴西、墨西哥等，这些国家原来是市场经济体制或者是经过转型成为市场经济体制国家，不发达的市场经济体国家在经济发展过程中也有向更高人均资源使用量水平转换的趋势。

第三，现今世界上绝大部分国家采用的都是市场经济体制，但是世界的环境和资源问题也没有得到有效的缓解，占世界人口绝大部分的新兴的市场经济体制国家和发展中国家面临的经济发展任务使资源和环境问题变得日趋严峻。

传统的市场经济体制也不是解决环境资源问题的完善途径，但并不意味着市场机制在解决环境资源问题上完全失效，可行的途径是进一步完善市场经济体制。问题的解决首先要找到问题的症结，那么传统的市场经济体制的局限性到底在什么地方？人类如果不将可持续发展作为经济发展的目标，那么市场经济体制是不能解决问题的。其次可以肯定的是发展目标的问题是市场经济体制不能解决的，经济发展的可持续性目标取决于人类价值体系的转变、政治和国家合作。因此，市场经济体制的完善并能够缓解环境资源问题的前提是经济发展目标的转变，市场经济体制是实现这个目标的有效工具。市场经济体制——这样的市场体制包括政府的干预、市场化的交易的混合工具——通过将外部成本（收益）内部化的机制来实现资源和环境的有效、公平配置。这样的市场体制也就是在市场基础上的规制体系：市场组织和市场制度作为市场的有机组成部分解决基础性的问题，而政府的环境规制政策作为市场的弥补手段解决市场本身不能解决的问题。本书将在后面的章节里对这个问题做详细的论述。

4.1.3　可持续经济发展的制度基础

可持续经济发展是经济发展的目标，经济发展方式的转变是实现可持续发展的途径，而现代市场经济体制又是实现经济发展方式转变的制度性基础。现代市场机制一方面通过建立在私人分散交易基础上的组织和制度来降低外部成本（收益）内部化的成本，以解决环境及资源配置领域的部分效率问题；另一方面政府通过规制政策解决市场不能自身解决的效率和公平问题。这部分主要论述市场的自我完善的解决方式，4.2 节论述政府干预的规制方法。

市场机能的完善在于市场具有在市场交易规模扩大、分工深化和广化的条件下自身会滋生降低交易成本的相应组织和制度，产权制度和一系列的规定交易主体权利和收益的组织和制度是市场自我演化的结果。市场机制解决环境资源问题也是通过市场组织和制度的自我完善来进行的。道格拉斯·诺思就是用市场机制对于人口—土地资源比例的压力导致了资源相对价格的变化，进而引致对土地权益的明确界定来解释西方世界的兴起。同样，当资源和环境的压力反映到经济体系内，资源和环境利用的成本（价格）相对于其他要素的价格也要发生变化，经济体系内不会产生对于资源环境权益的更加明晰界定的激励，只要资源环境产权界定和实施的成本小于其收益时，资源环境产权就会发展起来。市场可以自发产生一些制度和组织来解决资源和环境利用中的困境。

①市场体系会以非正式制度的方式确立产权制度，以至于这种产权制度得到正式制度的确认和维护。经济史中的一些典型的案例如德姆塞茨关于北美印第安人皮毛交易而导致的私有化[①]、诺思关于西方世界兴起的理论、科

---

① 德姆塞茨列举了一个调查实例，即李考克对魁北克地区的蒙泰尼斯私人产权制度的形成过程的考察。李考克此项研究继承的是弗兰克·G·斯柏克的研究，斯柏克研究中发现拉布拉多半岛的印第安人与美洲西南部印第安人在土地财产制度上存在很大差异，前者形成了私人财产制度，而后者则没有。李考克对另一地区的考察证实了土地权利发展与皮货贸易有关。皮货贸易促使皮毛价格上涨，狩猎范围的增大，出现了过度狩猎的外部性，同时产生了驯养皮毛动物的需求，当将这一外部性内部化的收益大于内部化成本的时候，狩猎人就会建立自己的狩猎领地的边界，从而形成土地的财产制度。拉布拉多半岛与美洲西南部的印第安人，一个形成了土地财产制度，一个没有形成，原因就在于拉布拉多地区是森林地区，动物的活动范围有限，建立领地的成本要低，收益很高；相反美洲西南部是平原地区，动物多为家禽类的，而且活动范围很广，建立领地成本很高，收益很低。前者内部化的收益大于内部化成本，而后者正好相反，故有此土地产权的差别。

斯关于社会成本问题的事例。

②市场主体会就外部影响进行私人协商。在具有独立利益的经济主体之间的经济活动而产生的外部影响，如果谈判成本和实施的成本不高于收益，那么经济交易主体之间就会通过私人谈判的方式来界定权利和收益，最终会形成以非正式制度形式存在的市场交易规则。

③市场体制会催生一些为维护公共利益的公益性组织或者是维护特定区域或者特定领域经济主体的组织，这些组织的出现解决了集体行动中的"搭便车"问题。这些社会性的权益维护组织，通过作为一个谈判力量或者对集体资源的配置对外部影响内部化起很大的作用。埃莉诺·奥斯特罗姆研究表明，按照传统的理论，治理之道要么是交给政府，要么交给市场，是在这二者之间找到公共参与进而同样实现公共资源的管理。诺贝尔评审委员会给出她获奖理由是"对经济管理的研究，特别是在公共选择方面的研究，证明了用户组织如何成功管理公共财产"。已证明很成功的农民自治的灌溉委员会组织表明在一些资源利用领域可以通过民间的自治组织来进行解决。

市场虽然不是全能的，但是市场作为解决资源环境问题的基础机制是不可替代的。

4.2　环境规制体系是社会主义市场经济体制的必要组成部分

4.2.1　环境规制体系在现代市场经济体制中的重要性

前面论述了市场可以作为基础性的机制来解决资源环境问题，市场虽然是不可替代的，但是市场不是全能的尤其是在资源环境领域产权制度的确立和交易谈判较为困难的情况下，主要原因包括：

①与土地不同，一些资源是不可分拨的（inappropriable）①，同样环境

---

① 自然资源可以分为可分拨的和不可分拨的（appropriable and in appropriable）。可分拨的资源指经济主体能够获得资源的全部经济价值，不具有外部性的资源。不可分拨的资源指的是其成本和收益不能归属所有者的资源，是一种具有外部性的资源。这里的划分是不严谨的，因为任何自然资源，只要是不可再生的或者再生的速度小于利用开发的速度，对于下一代人来讲都会具有外部性。

是不可分拨的。因此，其解决办法不会像土地产权的明晰那样容易，要么界定和实施产权是不可能的或者成本过高而不经济。

②在环境资源领域内由于交易双方的行为往往会对第三方的利益产生影响，而第三方往往不是具有独立权益的特定的个人或组织，这里的第三方要么是后代人，要么是不存在组织的"大众"。在这种情况下，后代人只是一个虚拟的群体，在当代找不到可靠的代理人，因此后代人对于资源环境所享有的权益在当代可能得不到有效的诉求和保证。共同受到外部负面影响的群体又因为受到"搭便车"、利益诉求不一而组织起来的成本太高。

③环境和资源，尤其是环境具有公共产品的特征，市场在处理公共性产品的生产和分配时往往是失灵的。在资源利用中可以通过资源的私有化避免"公共资源的悲剧"，因为这些资源是可以分拨的，而对于一些公共性的资源这种解决办法就行不通了。环境可以说是一种公共产品具有非排他性和非竞争性。

从理论上讲，人们把经济活动对环境资源造成破坏、污染和浪费的成本转嫁于社会，从而使其经济活动的总收益大于总成本，使此次经济活动的支配者获得超额收益，而社会福利水平下降，这种外部不良效果被称为外部不经济性。这时，厂商的边际私人成本小于边际社会成本。当出现这种情况时，依靠市场是不能解决这种损害的，即所谓市场失灵，必须通过政府的直接干预手段解决外部性问题。具体来说，就是要在外部性场合通过政府行为使外部成本内部化，使生产稳定在社会最优水平。庇古提出，如果每一种生产要素在生产中的边际私人净产值与边际社会净产值相等，同时它在各生产用途的边际社会净产值都相等，就意味着资源配置达到最佳状态。在边际私人净产值与边际社会净产值相背离的情况下，依靠自由竞争是不可能达到社会福利最大。于是就应由政府采取适当政策，消除这种背离。

在健全的产权制度体系下，市场可以通过其看不见手的作用对资源进行有效配置，价格能够准确反映资源的稀缺性和市场供求状况，无论是生产者还是消费者都会根据价格指标进行选择。当某些资源极度稀缺，价格将不断高涨，抑制人们的生产消费和生活消费，同时也将激励个体对资源进行保护以期获得更高收益，或者通过技术创新寻找替代资源，或者通过生产流程改造提高资源的使用效率。但是作为公共资产的自然资源和环境不具备排他性的产权关系，对环境资源的开发、利用和保护所产生的成本和收益并无法完全由施加者承担，而是转嫁到第三者身上，导致环境资源过度消耗和污染，价格规律失效，市场机制的"看不见的手"的作用在环境资源利用和保护的行为中无法发挥作用。在保持经济的可持续增长的同时对环境资源进行有效保护，必须着眼于消除资源环境的外部性问题，仅靠市场机制是无法解决的。因此，应由政府加强环境规制体系的建立，通过完备的环境规制制度如技术标准、排放标准和环境经济手段如排污税的征收、可交易的排污许可制度等建立，消除外部不经济性，使资源的流向在正确的、消除了扭曲的价格信号引导下，走向合理化，从根本上使资源得以有效利用，从源头上对资源形成有效保护。

4.2.2　社会主义市场经济体制要求发挥环境规制的作用

我国经济体制的改革目标是建立和完善社会主义市场经济体制，在我国，现实的经济体制具有明显地不同于西方发达市场经济体制之处：

第一，社会主义市场经济体制既具有一般市场经济体制的特征但是又不同于西方资本主义国家的市场经济体制，其最明显的特征是所有制基础和分配制度不同，社会主义市场经济体制的实质是在公有制占主体的情况下利用市场机制配置资源，不同于以私有制为主体的市场经济体制。在这种所有制下，政府和市场之间的界限很难明晰。

在以公有制为主体的情况下，代表国家行使所有权的政府对于资源的配置拥有很大的权利，虽然市场体制要求政企分开，但是政府一方面作为"运动员"，另一方面又作为"裁判员"的现实很难改变，政府不再是一个可以独立于企业利益的中立的市场干预者。在我国自然资源的所有权是归国家所有的，自然资源的开发利用大部分掌握在国家控制的国有垄断企业手中，再加上我国奉行的"发展是硬道理"这句口号在现实中大多被落实为"经济增长就是硬道理"。经济发展需要积累，进行积累途径之一是通过国家控制的资源性垄断企业完成。① 政府一般对经济进行直接干预——就是微观规制，也会对经济进行间接的宏观调控，还会直接作为经济主体参与经济活动。政府的直接干预和宏观调控职能的有效发挥要求政府对于企业来说利益是中立的，即便是在市场机制较为完善的西方国家政府的规制政策都有可

---

① 最为明显的就是国家通过土地资源、石油、天然气、煤、电力等重要资源的控制来实现积累。

能受到利益集团的影响，而产生政府被"俘获"的结果。在我国，政府能够独立行使规制权利就很难保证，规制政策的效果也就很难保证了。当经济增长与环境规制相冲突时，环境规制为经济增长让路就成为普遍的做法。

第二，我国的社会主义市场经济体制尚处于完善之中，存在市场不完善、不完全、市场不健全甚至是市场缺失的问题。政府在这种情况下对市场的干预一方面可能会弥补市场职能，但是另一方面更有可能的是对市场产生更加的扭曲而阻碍市场的自我完善。在环境规制领域由于市场的不完善和不健全就会导致政府之间以及政府和企业之间的"讨价还价"，而讨价还价的能力取决于双方的势力，环境规制往往就不成为一种规则。规制政策也会因为规制者和被规制者之间的信息不对称被被规制者的机会主义行为所规避。

因此，对于要建立社会主义市场经济体制的我国来讲，环境规制政策的完善一方面要适应我国公有制为主体的经济基础；另一方面还要在市场机制的完善和规制制度的建立之间进行有效的协调：既要使规制政策发挥弥补市场不完善的功能又不能使规制政策成为阻碍市场完善的障碍。

完善市场机制，发挥市场机制在资源环境领域内的基础调节作用，在此基础上建立符合我国社会主义市场经济体制的环境规制体系是完善社会主义市场经济体制的必要组成部分。

4.3　构建环境规制体系是我国经济发展方式转变的必然要求

4.3.1　环境与发展战略转型：部分经济发达国家的经验

从世界上看，各国在转变经济发展方式过程中非常重视运用环境规制政策，随着工业化进程加速，到一定发展阶段必然建立环境规制体系，这是发达国家在工业化发展中的必然路径。环境规制与发展战略转型是工业化国家普遍经历的过程，只是各国表现的方式不尽相同。20世纪60年代和70年代初期在日本、20世纪80年代中期在韩国都有类似的战略转型出现。德国的战略转型则从20世纪70年代中期开始，到20世纪80年代中期特征最为明显。而美国的转型发生在 20 世纪 60 年代后期。

美国工业生产的迅速发展始于 19 世纪初，19 世纪中叶出现了以配件互换为基础的大规模工业生产，工业污染也随之严重起来。20 世纪末污染最严重的两个大城市是芝加哥和匹兹堡。但那时人们对环境污染的危害性没有足够认识，反而以为排黑烟的烟囱是走向兴旺和富裕的标志。20 世纪的 90 年内，美国经济增长 15 倍，人口增长 2.3 倍。到 1970 年为止，各种物资的消耗增长惊人，石油增加了 12 倍，钢增加 11 倍，纸增长 20 倍。伴随而来的是人口不断集中，人口拥挤使环境的负担加重；小汽车的大量普及，汽车排气的污染构成城市中空气污染物的 85%，20 世纪 50 年代洛杉矶出现了严重的光化学污染事件。第二次世界大战后，洛杉矶在环境政策方面的战略转型，主要源于公众对日益严重的大气污染问题的关注。受工业和汽车尾气排放影响，洛杉矶大部分地区出现逆温现象（temperature inversions），对公众健康产生了不利影响。20 世纪 70 年代以来，美国国会通过了 26 部涉及水环境、大气污染、废物管理、污染场地清除等有关环境保护的法律，每部法律都对污染者或公共机构应采取的行动提出了严格的法律要求。1977 年，联邦清洁空气法案的修订，允许地方层面的民主程序更为有效。在洛杉矶地区，公众压力促成了 1978 年南部海岸大气质量管理局（South Coast Air Quality Management District）的诞生。管理局 1989 年公布、1991 年略有修改的地区大气质量规划，是洛杉矶有史以来最为强硬、最不近人情的大气排放管制措施。管理局提出了 130 项措施，利用当时的科技和已有的管理机构，原则上这些措施短期就能采用。总体而言，结合联邦—州—当地政府的管制方法，美国在污染物的减排中取得了成功。

20 世纪 60 年代日本进入了高速发展的时期。在这一时期内，以钢铁、机械、石油化工等为代表的现代产业发展很快，但忽视了对环境的保护。于是，巨大规模经济加上巨大的资源能源消耗，带来了严重的环境污染。第二次世界大战后，日本经济高速发展，但却忽视了环境问题，致使日本在 20 世纪 50 年代爆发了危及公共健康的严重环境问题，包括汞中毒（水俣病）事件、镉中毒（痛痛病）事件和氧化硫吸入（四日市哮喘）事件。在大众媒体的压力下，政府官员不得不采取行动。为此，1967 年制定《公害基本法》，1970 年制定了防治公害的 6 部法律，并对原有的相关的 8 部法律进行修正。由于实施了严格的公害防止措施，1970 年后，产业型公害锐减，20 世纪 70 年代初，日本环境政策的目标发生了由防止公害扩展到了自然和生活环境的保护，在 1972 年制定了《自然环境保护法》，在自然环境行政管理上从重点保护一定地区的景观转变为保护全国的自然环境。进入 20 世纪 80 年代，日本社会在完成工业化和城市化的基础上，步入后工业化时代。随着日本经济不断崛起，人民生活水平不断提高，生活方式呈多样化，城市生活型公害呈迅速上升趋势：机动车引起的大气污染和噪声问题；生活污水排放引起的水质污染问题；废弃物处理中产生的二噁英问题。另外，由于日本是一个国土狭小的海岛国家，出于对自身利益保护的需要，全球性的环境问题如地球温暖化问题、臭氧层的破坏、酸雨问题等也成为日本关注的焦点。在新的社会经济发展阶段，日本的环保工作也由以治为主转入以防为主的阶段。1990 年日本制定了环境影响评价法，1991 年制定了推进控制地球温暖化对策的相关法律，1992 年制订了控制特定化学物质环境排出量的管理、改善的相关法律，1993 年制定了《环境基本法》和《循环型社会形成推进基本法》。从 20 世纪 60 年代《公害防止法》开始到目前，日本已经制定了包括环境一般法律、地球环境、大气污染、噪声震动、水污染、土壤污染、废弃物循环利用、化学物质、自然保护、受害救济等相关法律在内的十分完善的环境保护法律体系。这一转型也成为日本社会、经济和产业政策的分水岭，从而环境问题成为核心，通过一系列措施，公共健康和城市生活质量在短期内得到极大改善。能够完成这个转型得益于在地方层面开展良好的环境管理。20 世纪 60 ~ 70 年代，这些因素共同作用，使日本在经济高速发展的同时，环境也显著改善。在二十多年中，伴随着经济发展，能耗不断在降低。从 1971 年到 1994 年，万美元能耗从 214 降至 112 标准油（TOE），约是美国的 1/3，是中国的 1/10。

第二次世界大战后德国的经济发展已经造成了严重的环境问题，最典型的是德国的煤炭基地和工业区鲁尔区的情况。德国的环境意识和环境觉悟在 20 世纪 70 年代得到很大提高，因为德国当时正在大力发展核能工业，对德国人民的生存环境产生了很大的威胁。1974 年 7 月 22 日，联邦德国成立了联邦环境局，把它作为环境和资源保护的最高主管机构。德国汲取了战后只求经济发展，把环境污染放在第二位的教训，大力整治国内环境，发展预防污染型环保技术，并且正在把环境保护战略重点从后处理型战略转移到污染预防型战略。1994 年 3 月，德国《基本法》作出修正，在第 20 条 a 款中明确了国家的环境保护目标，规定："国家也本着对后代负责的精神保护自然的生存基础条件。"许多德国学者认为，德国目前有五大宏观经济目标，把环境保护目标作为第五个目标。德国的环境政策工具大致可分为：实行环境使用许可证制度；征收环境税和有害物质税（如二氧化碳税）；国家通过税收支出措施提供直接或间接的环境保护；制定和执行环境法令和禁令，对各项法律作出面向生态的修改，建立一个面向持续发展的法律框架条件；推行环保责任制：如签立行业协定，或通过半官方和非官方的联合会来负责相应行业的环保工作；推行与环保目标挂钩的政府购买政策；对企业放弃环境破坏行为提供补贴支持；向企业提供环境保护补贴，促进企业开发对环境较为有利的生产程序，产品和投入品；由政府来资助环境技术研究和开发，即促进环境技术革新；为清除已经发生的许多环境公害提供公共支出；对使用者采用污染较低、但成本较高的产品提供使用者补贴优惠，如对货车主人把噪声大的旧货车更换成低噪音新货车提供补贴；加强环保信息和环保咨询。德国最早的环境立法要数 1962 年北威州的《排放物保护法》，目前关于环境保护的法律与规定已有 2000 多项。1990 年 12 月 10 日，德国又颁布了《环境责任法》，该法在 1991 年 1 月 1 日正式实施，该法确立了有"罪"推定原则，有排污嫌疑的企业必须主动举证来保障查明受害者的损害原因。该法还确立了受害者的问讯请求权，因为受害者往往技术知识和检验手段不足。根据该法，排污者会有更大的损害赔偿的风险，这有助于促使人们小心地避免损害行为的发生，有助于企业和个人遵循预防污染原则。

发达国家（地区）发展与环境保护的情况见表 4-2。

表 4-2　　　　　　　发达国家（地区）发展与环境保护

国家与地区	1940 年	1950 年	1960 年	1970 年	1980 年	1990 年	2000 年
日本	经济开始起步，污染不明显		四大公害，工业污染严重	污染集中治理，工业污染得到有效控制		工业污染基本解决，生活污染、城市环境和全球污染成为重点	
美国	高速工业化带来污染问题		工业大气污染集中治理	工业大气污染得到控制，综合性水污染集中治理		生活和工业废弃物治理、生态保护、噪声治理、有机化学危险物管理	生活污染、城市环境问题得到基本解决，应对新型环境问题
欧盟	工业污染泛滥		污染集中治理：水污染、大气污染、废弃物处理、资源回收利用等			全球环境问题	

引自：常抄："十二五"环保规划和产业发展趋势，申银万国证券研究所.

联合国开发署环境专家康纳（D. O. Conner）在研究东亚地区的经济发展与环境问题时发现，韩国、中国台湾、泰国和印度尼西亚这些国家和地区都是一种急剧的工业化过程，都有着工业生产值年均增长率持续保持10%以上的记录。伴随着高增长、能源和资源的消耗、产业公害、汽车公害、有害废弃物和一般废弃物的发生量也急速增长，环境恶化趋于严重。从1975到1990年，韩国家用汽车增长了40倍，中国台湾地区增长20多倍；同时，韩国人均能源消费量增加了3倍，中国台湾地区、泰国、印度尼西亚增加了215倍。泰国从1981年到1991年十年，二氧化硫的总排出量增加了近3倍，一氧化碳的排出量增加了215倍，人均固体废弃物的排出量增加了50%以上。

20世纪70～80年代，随着经济的快速发展，韩国的工业化并未吸取日本的教训，尽管世界范围内对污染的关注与日俱增，但直到20世纪80年代，韩国政府和人民都忽视了不断恶化的环境，因为他们太忙于发展经济和满足基本需求，偏重于重工业的经济发展政策，由此导致了严重的土壤污染，特别是重金属污染和有机化合物污染。20世纪60年代以来，迅速的工业化和城市化影响了土壤质量，尤其是政府将造船、汽车、钢铁、石化及有色金属等重化工业作为重点发展产业，导致大量污染物被释放到土壤环境中，许多地方出现严重的土壤污染。20世纪80年代和90年代初期，韩国政府优先关注环境，迅速颁布了一系列新的环境立法和政策。制度和法律框架保证了环境保护的核心地位。1990年韩国环境部升级为内阁级，从而加强了环境事务的协调，许多其他部和行政单位也有与环境有关的政策中计划的职责，1990年以来，已经对与环境有关的立法进行了全面修订。经济手段和环境影响评价正在日益增多地运用，清洁技术开发和清洁生产也在广泛推进。1990年6月，韩国国会修改、制定了《环境政策基本法》《大气环境保护法》《水环境保护法》《噪声和震动控制法》《有毒化学物质管理法》《环境损害纠纷调解法》6个法律，高级别的机构加上6个新法的实施（从1991年2月起生效），提高了该国环境法的权威。1996年，政府建立了"21世纪绿色展望"，规划1995～2005年的蓝图，提升韩国的长期环境标准，以期达到发达国家水平。在加强管控的同时，韩国政府有效地将公众关注重新定位于由消费引起的环境问题。

4.3.2　我国经济增长与环境资源保护面临的困境

（1）我国目前的经济增长以资源环境为代价

我国目前的增长模式，具有独特的要素组合加改革开放使中国的增长模式呈现出"低成本竞争"优势，主要由投资、出口带动经济增长，但"粗放""低效"的确是中国经济增长模式中存在的问题。高投入：五十多年来，我国 GDP 增长了 19 多倍，矿产资源消耗增长了 40 多倍；高消耗：单位产出的能耗高于国际先进水平；高排放：每增加单位 GDP 的废水排放量比发达国家高 4 倍，单位工业产值产生的固体废弃物比发达国家高 10 倍多，目前的经济增长是以资源环境为代价的。经济的快速增长，造成的资源环境压力也越来越大。

长期以来，中国的经济增长呈现出粗放型增长方式的特点，主要表现为增长由大量资本、能源和原材料以及劳动力投入推动，而技术进步或全要素生产率（TFP）增长对经济增长的贡献比较低。这种增长方式因此曾被某些国外学者描述为"不可持续的增长"（Krugman，1994；Young，2000）[①]。

三十年来，中国经济增长模式的主要特征是：以高储蓄率推动高投资率，以低廉劳动成本和对环境资源的透支来推动出口导向型的增长。[②] 十多年来，转变经济增长方式有了一定的进展，但从总体上看还未实现根本上的转变，仍然是粗放型，能源、资源、原材料的高度消耗使得经济增长的高速度无法持久，生态环境污染问题较为突出。[③] 从整个"十五"时期（2001～2005 年）的经济增长趋势看，能源消耗同经济增长大体同步，一直处于高消耗状态。高储蓄、高投资、高消耗所支持的高增长，是当前中国经济的显著特征之一。[④]

党的十七大报告中列举十六大以来中国前进中面临的突出困难和问题时，"经济增长的资源环境代价过大"被放在首位。报告称，我国长期形成的结构性矛盾和粗放型增长方式尚未根本改变，2006 年我国 GDP 总量占世界总量的 5.5% 左右，但是中国为此消耗的标准煤、钢材和水泥，分别约占

[①]　王小鲁，樊纲，刘鹏．中国经济增长方式转换和增长可持续性［J］．经济研究，2009，（1）．

[②]　陆丁．中国经济增长方式转变面临的挑战及其应对［R］．上海：上海财经大学高等研究院，2011．

[③]　顾海兵，沈继楼．近十年我国经济增长方式转变的定性与量化研究［J］．经济学动态，2006，（12）．

[④]　金碚，科学发展观与经济增长方式转变［J］．中国工业经济，2006，（5）．

全世界消耗量的 15%、30% 和 54%。国内经济增长主要依靠政府投资和巨额信贷拉动，能源资源消耗严重，环境污染成本巨大。中国经济增长主要依靠资源投入、特别是投资驱动，这在改革开放后，并没有发生根本性的变化。早在 1996 年到 2000 年的第九个五年计划中，就已经规定了实现增长方式从粗放型到集约型转变的任务。2006 年到 2010 年的"十一五"规划不但重提转变增长方式的话题，还列举了转变的具体途径。但是迄今为止，除了少数地方，成效并不显著。①

（2）我国经济增长的成本巨大

据英国《经济学家》周刊报道，目前仅因水资源匮乏和污染每年减少的中国国内生产总值已经高达 2.3%。② 我国的大气污染对经济发展的影响已经凸现，经济损失惊人。有关大气污染经济损失的研究表明，中国空气污染造成的损失占 GDP 的 3%～7%。如果用 2005 年 GDP 总量计，则损失高达 5470 亿～12760 亿元。达沃斯世界经济论坛 2005 年公布的"环境可持续指数"评价，中国在全球 144 个国家和地区中仅位居第 133 位。显然，这种经济增长中的高耗费，是与集约型增长的要求相悖的。③

1978～2004 年我国环境破坏的估计值以及占 GDP 的比重见图 4－1。

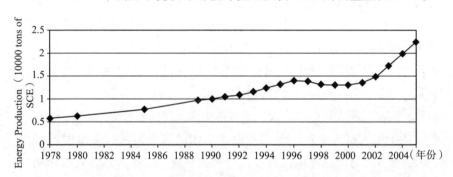

图 4－1 环境破坏的估计值以及占 GDP 的比重④

① 吴敬琏. 转变经济发展方式遇到了许多体制性的障碍 [DB/OL]. 中国改革—财新网，2010 - 04 - 12.

② John Grimond. "For want of a drink：a special report on water", *The Economist*, May 20, 2010. 7.

③ 卫兴华，侯为民. 中国经济增长方式的选择与转换途径 [J]. 经济研究，2007，7.

④ 陆丁. 中国经济增长方式转变面临的挑战及其应对 [R]. 上海：上海财经大学高等研究院，2011.

我国污染每年造成 70 多万人非正常死亡,其中空气污染每年导致大约 39.4 万人死亡,中国农村地区的水污染每年致使大约 66000 人死于严重腹泻、胃癌、肝癌和膀胱癌。另外,燃煤和食用油造成的室内空气污染每年使大约 30 万中国人非正常死亡。专家指出,中国的污染问题是全方位的。除了空气污染和水污染外,中国的土壤、食品污染也引发慢性病或癌变。[①] 我国所面临的资源环境挑战将十分严峻:能源安全、严峻的大气污染和巨大的温室气体减排压力;深化加剧的水危机;持续增长的生活垃圾、工业固废、危险废物;严重退化的生态系统和锐减的生物多样性;恶化脆弱的农村生态环境。[②]

4.3.3 当前我国环境问题严重制约经济发展方式转变

(1) 经济高速发展诱发的矿产资源问题

在当今世界的经济发展过程中,矿产资源的开发和利用对经济发展起着至关重要的作用,成为经济能否快速增长和社会繁荣程度的决定性要素之一。中国的矿产资源的利用,经过新中国成立以来 60 多年的不断努力,已经取得了长足的进步。但是矿产资源在开发过程中对地质环境影响巨大,经过长时间的不加约束的开采,地表植被遭到破坏,岩层断裂并发生位移导致这些地区泥石流、山体滑坡、地陷等灾害频发,使得本已脆弱的生态环境进一步恶化。除此之外,煤炭在开采、贮存和选洗阶段需要耗费大量的淡水资源,然后排放出含有大量有害物质的污水进入矿区周边水系,对水资源造成严重污染。中国人口多,人均资源占有率低,环境负荷大,而一些地区为了追求暂时的经济快速增长,对矿产资源不合理的开发利用和对环境保护的忽视,致使环境问题日趋严重,面临资源、环境双向恶化的严峻形势。因此,中国作为一个经济快速发展的发展中国家,一个资源、矿业大国,同时也是一个资源相对不足的国家,需实施有效的环境规制手段促进矿产资源的可持续发展。

① The World Bank. State Environmental Protection Administration P. R. China [J]. Cost of Pollution in China-Economic Estimates of Physical Damages, Feb, 2007.

② 中国环境与发展国际合作委员会. 环境与发展战略转型:全球经验与中国对策 [DB/OL]. http://www.china.com.cn/tech/zhuanti/wyh/2008-02/26/content_10748068.htm.

（2）高速经济发展带来日益严峻的能源安全问题

我国能源安全主要面临结构性危机和制度性困境两大挑战：结构性危机和管理体制的困境。[①] 能源结构不合理，依然是以煤为主。2006 年一次能源生产总量 22.1 亿吨标准煤，列世界第二位。其中，原煤产量 23.7 亿吨，列世界第一位。煤炭在一次能源消费中的比重 1980 年为 72.2%，2006 年的为 69.4%。[②] 我国是世界上唯一以煤为主的能源消费大国。煤炭是中国的主要能源，以煤为主的能源结构在未来相当长时期内难以改变，相对落后的煤炭生产方式和消费方式，加大了环境保护的压力。煤炭消费是造成煤烟型大气污染的主要原因，也是温室气体排放的主要来源。随着中国机动车保有量的迅速增加，部分城市大气污染已经变成煤烟与机动车尾气混合型。中国人口众多，人均能源资源拥有量在世界上处于较低水平，人均能源资源拥有量较低，能源资源赋存分布不均衡，能源资源开发难度较大。煤炭和水力资源人均拥有量相当于世界平均水平的 50%，石油、天然气人均资源量仅为世界平均水平的 1/15 左右。耕地资源不足世界人均水平的 30%，制约了生物质能源的开发。能源利用率低，能源环境问题突出。经济增长方式粗放、能源结构不合理、能源技术装备水平低和管理水平相对落后，导致单位国内生产总值能耗和主要耗能产品能耗高于主要能源消费国家平均水平，中国的能源利用率长期偏低，单位产值的能耗是发达国家的 3~4 倍，主要工业产品单耗比国外平均高 40%，能源平均利用率只有 30% 左右。[③] 我国单位 GDP 能耗与其他国家与地区相同阶段比较情况见表 4-3。

表 4-3　　　　　**我国单位 GDP 能耗与其他国家与地区相同阶段比较**

项目	中国（2003 年）	日本（1953 年）	中国台湾地区（1967 年）	韩国（1970 年）
人均 GDP（2003 年美元）	1000	1000	1080	985
单位 GDP 能耗（美元）	1680	60	10	25

资料来源：世界银行，申银万国证券研究所。

[①] 杨泽伟. 中国能源安全现状及战略选择 [J]. 人民论坛，2009，(30).

[②] 中华人民共和国国务院新闻办公室，中国的能源状况与政策，2007，12.

[③] 倪健民. 国家能源安全报告 [M]. 北京：人民出版社，2005：29.

（3）经济高速发展导致生态系统功能退化

根据 2010 年中国环境公报，我国部分生态系统功能有所改善，但总体生态系统服务功能不强，生物多样性下降趋势尚未得到有效遏制，遗传资源不断丧失和流失，外来入侵物种危害严重。特别是近年来受全球气候变暖等自然因素影响，加之人为开垦、超载过牧、破坏生态用地等影响，主要生态环境问题依然突出。[①]

改革开放以来，我国经济生产以快速增长为根本目标，长期采用粗放式的生产方式，造成大量森林消耗，但由于保护意识低下，造成森林资源急剧减少，生态环境不断恶化的局面。我国森林资源本身也存在着分布不平均，结构不合理，森林质量较差，林地利用率低等特征，进一步加剧了我国森林资源的问题。因此需要建立森林资源方面的环境规制体系，促进森林资源的可持续发展，使森林资源的有形产品内在价值得以体现。我国 90% 的可利用草原不同程度地退化，退化面积每年还以 3000 万亩的速度增加。草原生态"局部治理，总体恶化"的局面还没有得到有效遏制。草原超载放牧严重，我国北方草原平均超载 36.1%，草原得不到休养生息，草原生产力不断下降，也会对土壤产生不良影响。由于对湿地的长期侵扰和开发，天然湿地大面积萎缩、消亡、退化仍很严重，目前我国已经失去了大约 50% 的湿地。根据最近国家林业局的调查统计，在 376 块重点调查湿地中，有 117 块已经遭到或正面临着盲目开垦和改造的威胁，占所有重点调查湿地总数的 30.3%。这一威胁主要存在于沿海地区、长江中下游湖区、东北沼泽湿地区。开垦湿地、改变自然湿地用途和城市开发占用自然湿地已经成为我国自然湿地面积减少，功能下降的主要原因。全国水土流失面积 367 万平方公里，约占国土面积的 38%。近年来，很多地区水土流失面积、侵蚀强度、危害程度呈加剧的趋势，全国平均每年新增水土流失面积 1 万平方公里。荒漠化土地面积不断扩大，全国荒漠化土地面积已达 262 万平方公里，并且在前几年每年还以大于 3400 平方公里的速度扩展。据初步统计，全国至少有 1300 万~1600 万公顷耕地受到农药污染；受工业污染的农田已超过 10 万公顷，每年因土壤污染减产粮食 1000 多万吨，因土壤污染而造成的各种农业

---

① 中华人民共和国环境保护部，2010 年中国环境状况公报。

经济损失合计约 200 亿元。①

（4）经济高速发展诱发的水污染和固体废物污染问题

中国是水资源相对匮乏的国家，日趋严重的水污染则进一步加剧了经济发展与水资源的矛盾。今中国的水问题可以归纳为：水资源短缺与浪费并存；水污染突出，生态环境严重破坏，洪水威胁尚未消除。有资料显示，我国是一个干旱缺水严重的国家。人均淡水资源仅为世界平均水平的 1/4、在世界上名列 110 位，是全球人均水资源最贫乏的国家之一。人均可利用水资源量仅为 900 立方米，并且分布极不均衡。20 世纪末，全国 600 多座城市中有 400 多个城市存在供水不足问题，其中比较严重的缺水城市达 110 个，全国城市缺水总量为 60 亿立方米。

据 2010 年中国环境状况公报，长江、黄河、珠江、松花江、淮河、海河和辽河七大水系总体为轻度污染。204 条河流 409 个地表水国控监测断面中，Ⅰ~Ⅲ类、Ⅳ~Ⅴ类和劣Ⅴ类水质的断面比例分别为 59.9%、23.7% 和 16.4%，主要污染指标为高锰酸盐指数、生化需氧量和氨氮，其中长江、珠江水质良好，松花江、淮河为轻度污染，黄河、辽河为中度污染，海河为重度污染。目前全国 90% 以上的城市水域受到污染，有 7 亿人在饮用大肠杆菌含量超标的水，1.7 亿人饮用被有机物污染的水。目前全国尚有 61% 的城市没有污水处理厂，全国城市生活污水处理率达 42%，但在已建成的城市污水处理设施中，1/3 开开停停，还有 1/3 根本就未运行。

水污染和水短缺在很大程度上互为因果：一方面缺水造成污染物难以被稀释；另一方面水污染又破坏了有限的水资源，极大地恶化了缺水问题。伴随着经济的快速发展、工业结构的不合理性、粗放式的经济增长方式，中国废水排放量呈现急剧增加趋势，工业的快速发展也势必带来大量的原材料消耗，固体废物的产生总量也越来越多。经济的快速增长，促进了产业结构调整、生产工艺的改进和技术创新，在一定程度上控制了水污染和固体废物污染的增加速度。但是由于经济生产总量的持续扩大，尽管单位产量的污染水平下降，但整体的污染程度仍然在不断增加。中国的水污染和固体废物污染的增加使城乡居民的饮水安全和生活环境受到威胁。由于缺少完备的环境规

---

① 本节所列资料来源于，中国环境与发展国际合作委员会，中国环境与发展回顾与展望课题组报告，http://www.china.com.cn/tech/zhuanti/wyh/2008-02/26/content_10729090.htm.

制体系，在工业快速增长、人口和城市不断扩容的多重压力下，废水排放、固体废物污染、水资源严重短缺与经济快速增长之间的矛盾日趋尖锐。而且由于违规成本较低，进行生产工艺改造、增加环境治理设施、完善环境治理手段的成本较为高昂，尽管各地政府和具体企业都表示要进行污染治理，但由于财力、体制、技术和管理等多方面原因，多数地方政府和企业没有形成规范化的政府行为和企业行为，在具体操作上进行逆行选择，为追求短期利益而牺牲环境和资源去追求不可持续的经济快速增长，造成了严重的水资源污染和固体废物污染，本质上这种经济发展是缺乏可持续性的。

除了以上几种环境问题以外，由于经济的快速增长所造成的环境问题还有很多，譬如海洋资源问题①、水土流失问题②、大气污染③等多种环境问题，都有待通过环境规制的手段加以解决。

(5) 由于国际贸易和国家投资导致的资源环境问题严峻

由于全球贸易，资源环境密集产品可以从一个国家流向另一个国家，从而改变出口国的生产总量与结构，导致出口国资源环境负担的加重。目前，我国出口大量的纺织品、钢铁制品而导致了国内纺织印染废水的增加、大气污染排放的增加。贸易还可能产生产品效应导致环境变化，由于全球贸易，某些具有明显或者潜在污染特征的产品可能从一个国家流入另一个国家。目前，我国进口的废旧电子产品，对中国的土壤、地下水、人体健康带来了长远而深刻的影响。钢铁、建材、水泥等行业逐渐从欧美、日本转移到中国。目前的我国用 20 多年的时间，正在成为全球的制造业

---

①　海洋资源的开发可以形成海洋水产、旅游业、石油业、海洋医药、海洋化工、深海矿产和海盐业等多项产业的发展，但过度的海洋资源的开发造成了海洋生物破坏、海水污染以及围海造田对海洋资源的破坏，进而对全球气候造成极大影响。

②　水土流失问题主要表现在土地开发利用方面片面追求经济利益和眼前利益，乱砍滥伐、乱倒乱弃、水电开发缺少完备的环境评估等多方面的问题，造成土地侵蚀和破坏，导致生态环境恶化。

③　大气资源是人类社会生存和发展的根本资源，但是经济的高速增长导致工业排放物二氧化硫、工业粉尘、工业烟尘不断增加，大气污染与 GDP 增长之间变现出明显的相关性，生产规模过大、生产技术落后、资源能源利用率低和环境管理水平低下是造成大气污染的主要原因。丰富的煤炭资源仍是中国能源的主体，煤炭在中国的能源生产和消费结构中分别占 76% 和 68%。中国燃煤导致的有害气体排放，占到各种有害气体排放量的 65% ~ 90%，每年排放总量约 8000 万吨。特别是火力发电行业排放的 SO_2 所导致的酸雨污染日趋严重。预计中国电力行业将持续扩张，城市大气污染严重。尽管全国加大了治理力度，但城市大气污染形势仍很严峻。北方城市、特大、超大型城市、产煤区的城市尤为突出。

基地，特别是重化工产业基地。这种产业的转移，也是全球污染物的转移，带来的主要环境影响是西方国家的环境压力逐步减少，而我国的环境压力不断增大。

4.3.4　环境规制对我国转变经济发展方式的重要意义

从"十一五"时期开始，我国政府提出，将采取更加有效的措施，推动经济发展方式的转变，促进经济的内涵式增长。经济发展模式的转变将提高资源的利用率，减轻单位产出对环境的污染程度。环境规制是在市场为基础的调节功能上的通过政府、立法、司法部门利用行政手段、法律手段、经济手段来提高环境资源的配置效率、增进公平，促进经济发展方式转变，最终实现可持续发展。环境规制政策通过对经济主体提供激励和施加惩罚来影响经济主体的经济决策，引导经济主体进行环境友好和资源节约性的投资和消费行为，促进经济发展方式的转变。环境规制体系的建立对我国经济发展方式的转变有着十分重要的意义：环境规制政策与市场调节在促进经济发展方式转变上是互补关系，而不是相互替代关系。因此，在发挥市场在经济发展方式转变的同时，必须构建相应的环境规制政策体系。具体讲，环境政策在以下两个方面对于促进经济发展方式有重要意义：

①环境规制体系的建立对于在环境资源配置领域内明晰政府和市场的界限，转变政府职能、提高环境执政能力有着十分重要的意义。转变经济发展模式的转变首先要消除模式的体制障碍，也就是说，要把行政配置资源的模式转变成市场配置资源的模式，其中最关键的是政府职能转变。在我国，一方面，因为政府的越位，使得政府仍然掌握着很大的资源配置权力，其行政定价使得生产要素的价格扭曲，可以说是"看得见的手左右着看不见的手"。为此，就需要限制政府官员的权力。另一方面，为了保证市场制度的健康发展和有效运行，政府又必须实现它的一些基本职能，包括提供公正执法的法治环境，运用总量手段保持宏观经济稳定，保证生态环境不受破坏，提供免费义务教育，构筑基本的社会保障网络等。建立有效的监督机制，监管各级政府，防止政府不作为。环境规制表现上是赋予政府对资源配置的进行一些干预的权利；另一方面也是限制政府权力、规范政府"看得见的手的"，划分政府和市场界限的规则。

②环境规制可以通过"倒逼"机制促进经济发展方式的转变。环境规

制通过对于资源环境利用的进入和退出条件、数量、税收、费用、价格、质量等经济规制来增进资源使用的效率，促进资源环境利用的公平。经济发展方式的转变包括：转变生产模式——通过清洁生产、循环经济，建立低污染、低能耗、高效率的生产模式；转变消费模式——建立既拉动内需、环境友好的消费模式，在物质产品的消费与服务、精神产品的消费之间保持平衡；转变贸易模式——建立拉动本国经济、较少贸易的生态环境逆差、促进中国与世界可持续发展的贸易模式。通过这些行政的、法律和经济的手段和工具可以实现强制性的不合格的生产者淘汰、激励生产者进行节约资源和减少排放的投资、落实"谁污染谁付费""生产者责任原则"、消费者付费原则等，从而促进生产、消费和贸易模式的转变。以安全、环保、节能、技术标准等管理为主的社会性管制，可以防止和减少企业对社会造成负面外部性。

第 5 章

促进经济发展方式转变的环境
规制体系的基本框架

5.1 环境规制体系促进经济发展方式转变的目标

5.1.1 环境规制体系建立前的我国经济发展状况

我国在 1978 年改革开放之后，维持了近 30 年经济高速增长，在"十二五"规划期间我国内下调了经济增速目标。2001～2010 年，中国经历了十年高速增长，年均 GDP 同比增速达 10.5%。在"九五"、"十五"、"十一五"、"十二五"期间，中国经济增长年均计划目标分别是 8%、7%、7.5% 和 7%，最终实际年均增速分别达 8.6%、9.8%、11.2% 和 7.8%，尤其是在 2008 年后全球金融危机爆发期间，中国在政府强力财税政策刺激下，在全球经济衰退的大环境下仍然在 2009 年和 2010 年两年内分别保持了 9.1% 和 10.4% 的高速增长，如表 5 - 1 所示。

表 5 - 1　　　　　　　2001～2015 年我国国内生产总值及增长率

年份	国内生产总值（亿元）	国内生产总值增长率（%）
2001	110863.1	8.3
2002	121717.4	9.1
2003	137422.0	10

续表

年份	国内生产总值（亿元）	国内生产总值增长率（%）
2004	161840.2	10.1
2005	187318.9	11.4
2006	219438.5	12.7
2007	270232.3	14.2
2008	319515.5	9.7
2009	349081.4	9.4
2010	413030.3	10.6
2011	489300.6	9.5
2012	540367.4	7.9
2013	595244.4	7.8
2014	643974.0	7.3
2015	689052.1	6.9

资料来源：根据 2001~2015 年中国统计年鉴相关数据整理。

过去 15 年工业增加值年均增速 10.2%，固定资产投资完成额平均增速 15.8%，房地产固定资产投资平均增速 8.8%，出口金额年均增速 13.7%，如表 5-2 所示：

表 5-2　　　　　　三大需求对国内生产总值增长的贡献率和拉动

年份	最终消费支出		资本形成总额		货物和服务净出口	
	贡献率	拉动	贡献率	拉动	贡献率	拉动
	（%）	（百分点）	（%）	（百分点）	（%）	（百分点）
2001	49.0	4.1	64.0	5.3	-13.0	-1.1
2002	55.6	5.1	39.8	3.6	4.6	0.4
2003	35.4	3.6	70.0	7.0	-5.4	-0.6
2004	42.6	4.3	61.6	6.2	-4.2	-0.4
2005	54.4	6.2	33.1	3.8	12.5	1.4
2006	42.0	5.3	42.9	5.5	15.1	1.9
2007	45.3	6.4	44.1	6.3	10.6	1.5
2008	44.2	4.3	53.2	5.1	2.6	0.3
2009	56.1	5.3	86.5	8.1	-42.6	-4.0
2010	44.9	4.8	66.3	7.1	-11.2	-1.3
2011	61.9	5.9	46.2	4.4	-8.1	-0.8
2012	54.9	4.3	43.4	3.4	1.7	0.2

续表

年份	最终消费支出		资本形成总额		货物和服务净出口	
	贡献率	拉动	贡献率	拉动	贡献率	拉动
	（%）	（百分点）	（%）	（百分点）	（%）	（百分点）
2013	47.0	3.6	55.3	4.3	-2.3	-0.1
2014	48.8	3.6	46.9	3.4	4.3	0.3
2015	59.7	4.1	41.6	2.9	-1.3	-0.1

资料来源：根据 2001~2015 年中国统计年鉴相关数据整理。

在缺少完备的环境规制体系下，我国的经济发展显现出高投入、高消耗、高增长、低效益的增长特征，近十几年投资、消费和净出口"三驾马车"同比增速平均分别达 20%、14% 和 21%，2009 年和 2010 年投资对GDP 增长的贡献率更是高达 86.5% 和 66.3%。据有关测算，目前 GDP 每增长 1 个百分点，能源消耗要增长 0.8 到 1 个百分点，两位数的高速经济增长带来的环保消耗成本日益凸显，特别是近几年投资高增长也带来更大的环境成本。而在 2009 年，中国政府宣布到 2020 年单位 GDP 二氧化碳排放比2005 年下降 40%~45%，这一指标客观上也会倒逼经济增速下降。在投资刺激政策退出和鼓励进口措施下，投资与净出口的持续高增长动力将减弱，客观上看中国经济潜在增速已经下降。

5.1.2　环境规制体系建立前的我国经济发展方式特征

经济稳定发展的决定性因素主要来源于两个方面，一是资本积累；二是技术创新——资本积累使得资本存量随时间增加，当每个劳动者的资本存量增加，劳动生产力也就提高，经济水平得以提高；技术创新则提高了资本和劳动者的生产力，在使用一定的资本和劳动力的时候，使生产效率提高，经济得以快速增长。标准经济增长模型对这一过程没有限制，只要投资以适当的比例持续地增加，生产力和人均消费就能永久持续地提高。对于经济发展，从环境经济学方面进行考量，影响经济发展主要受三种因素影响：一是能源的供应，19 世纪欧洲的经济增长强烈地依赖于作为能源的煤炭，20 世纪石油取代煤炭成为工业的主要能源，目前，石油、天然气和煤炭为美国、欧洲、日本和其他工业经济体提供了超过 85% 的能源供应，为全世界的工业提供了大致相同比例的能源，在很大程度上农业和工业的经济增长是化石能源替代人类劳动的一个过程，这一替代具有重要的资源和环境影响，这反过来又影响对未来增长的估计。二是土地和自然资源的供应，几乎所有的经济活动都需要使用一定的土地，随着这些经济活动的增加，土地从自然状态向农业、工业和居住用地转变的压力增加，在农村，住房与农田竞争，工业或道路的修建可能使土地不适宜居住或农业使用，土地的供给却是固定的，自然资源的丰厚程度是变化的，矿产资源、森林和其他生物资源的再生能力有物理极限。三是对工业发展中的废弃产物的环境吸收能力，这个问题在经济活动相对环境来说规模较小的时候并不重要，但随着国家和全球的经济活动加速，废弃产物的流动性增加，就可能威胁到颠覆整个环境系统，固体废弃物、废水和液体废弃物、有毒和放射性废弃物，以及气体排放，都产生了具体的环境问题，需要在当地、区域和全球加以解决。

在我国，由于缺乏完备的环境规制体系，我国的经济发展主要依托于在生产要素质量、结构、使用效率和技术水平不变的情况下，通过生产要素的大量投入和扩张实现的经济增长，本质上这种经济发展方式是以投入资源不断增长的速度为核心来实现经济增长，消耗资源过大，生产成本过高，一味追求产量导致产品质量也难以提高，经济效益低下。在经济理论上，我们把这种经济发展方式称为依托粗放型增长的经济发展方式。随着产业生产增长的步伐加快，大型化工产业工业化开始启动，以及国际市场产业转移，我国的经济增长和环境保护的矛盾进一步显现。一些市场中供不应求的产品，由于存在一定的垄断特征，竞争不充分，一些技术水平较低，而投入和消耗却较高的产品在市场竞争中也能存活，对环境资源造成极大破坏；重化工工业化水平不断提高，使得其产业规模迅速扩大，产业内容更加复杂，由此使工业化与环境的矛盾更加突出；与我国加工制造业发展紧密联系的国际产业转移，也会将一部分对环境影响较大的生产转移进来。总体来看，经济增长与环境资源之间的矛盾将会加剧。资源使用的扩张，引起物种消失的增加，导致未知的生态危害和后代人自然"遗产"的减少，这些压力只会增加对正在增长的食品、燃料、木制品和纤维的需求。经济增长也会导致累积性污染物（不随时间消散或降解的污染物）、有毒和放射性废弃物数量增加的问题。控制排放是传统污染政策的焦点，但在处理这些更加隐蔽的问题时其使用受到限制。

5.1.3 环境规制体系促进我国经济发展方式转变的目标

经济增长反映了人口和人均 GDP 的增长，这一增长依赖于资本存量的增长和技术进步，以及能源、自然资源和环境吸收废弃物能力的增长。人口、工业产出、资源和环境污染之间关系的简化模型展示不受限制的经济增长将导致资源的耗竭、污染增加以及经济系统和生态系统的最终崩溃。然而，这样的模型依赖于对模型中变量的反馈类型和技术进步的假设，更乐观的观点是考虑提高效率、污染控制和转换到可替换的、更可持续的技术。持续的人口和经济增长在 21 世纪上半叶对环境和资源有更大的需求，食物生产、不可更新资源的恢复、能源供应、大气污染、有毒废弃物和可更新资源管理都是需要仔细分析并提出政策解决的主要问题。另外，经济增长的性质本身也要适应环境和资源的限制。在处理生产和产出增长基本经济问题的时候，不能把环境问题作为事后的结果来看待，必须把环境看作生产过程的基础要素。经济生产当然总是依赖于环境的，但是经济活动的规模导致不同的环境情况出现。只要人类的经济活动保持在相对于生态系统来说较小的规模，我们就可以使用经济理论来分析生产和消费而不用考虑他们的环境影响。现在，经济生产引起如此广泛的环境影响，我们必须把经济观点和环境结合起来考察。

在建立了完备的环境规制体系后，无论是国家还是企业，在追求经济发展和效益不断扩大的同时，必须以遵守环境规制的法规和政策为基本前提和出发点，因此在生产规模不变的基础上，优化生产要素组合，必然通过采用新技术、新生产工艺流程、改进机器设备、加大科技含量的方式提高劳动者生产能力，提高资本、设备和原材料的利用效率来实现产量的增长，这种经济发展方式又称依托内涵型增长的经济发展方式，这种方式既实现了经济增长，同时又遵循了环境规制的政策法规，减少了环境资源的使用，降低了消耗，提高了生产要素的利用率，解决了经济增长和环境保护之间所存在的内在矛盾性问题，这是通过完备的环境规制体系促进经济发展方式转变的目标。依托集约型增长的经济发展方式从本质上说是质量效益型增长，其实质就是提高经济增长的质量和效益：

①经济增长推动力来自于技术创新、资源转移、人力资本提高、规模经济等因素。

②在同样的增长规模和增长速度下，受的环境资源约束力较小。

③如果宏观调控得当，则增长过程基本上可以保持持续稳定的状态，一般只存在较小的属于动态经济的自然波动。

④产品的品种较多、质量较高、市场竞争力较强、库存积压较少。

这是一种增长代价较小，增长的质量和效益较高的经济发展方式。农业生产、能源使用、自然资源管理和工业生产的可持续技术有巨大的潜力，但还没有被广泛采用。以集约型增长为主的经济发展方式是一种可持续发展的理念，是要努力把经济和环境目标结合起来，可持续的全球经济也意味着对人口和物质消耗的限制。经济活动的可持续性问题已经成为主要的研究对象，在将来经济发展过程中还将更加重要。

5.2　环境规制促进经济发展方式转变的传导机理

环境规制对经济发展方式转变的传导过程并不是直接一蹴而就的，既有通过某种环境规制工具直接作用于企业，使企业为环境资源要素的消耗进行成本支付，也有通过某种环境规制工具作用于产业市场，设置环境壁垒，使无法达到标准的企业无法进入该产业，迫使没有达标的企业要么退出该行业，要么进行技术创新和生产流程和设备改造，使环境的外部成本内部化，造成企业生产成本的提高。无论采用何种环境规制工具，都使企业的生产成本增加，如果企业想要保持稳定的利润增长，则必然进行环境技术创新，最终带动整体产业结构升级，促进经济发展方式向更为环保、高效的可持续经济发展方式转变。环境规制对经济发展方式的影响作用的具体传导机制，如图 5 - 1 所示。

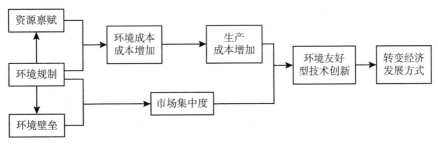

图 5 - 1　环境规制促进经济发展方式转变的传导机制

　　从图5－1的传导机制流程图中可以看出，在环境规制作用下，建立资源节约型和环境友好型社会成为全球以及我国未来发展的取向。从短期看，由于相关政策对于资源要素的保护以及通过提高资源使用的市场价格以促进生产企业的生产要素的节约，环境规制所涉相关产业必然出现生产要素价格和生产成本上升，从静态效应看，导致生产利润下降，因此企业为保持利润的稳定增长以及适应国家环境规制政策，必然通过环境友好型技术创新手段的提高，促进资源消耗的减少，提高生产效率以弥补要素价格上升所带来的成本增加，从微观角度促进了本企业的生产效率的提高，从宏观层面则促进整个社会的经济发展方式的转变；从动态效应看，环境规制不仅使生产成本提高最终导致经济发展方式转变，而且还将通过环保标准等手段，对尚未进入相关行业的企业将会产生环境进入壁垒，导致市场集中度提高，在生产流程、排放等方面达到政策要求的已在行业内部的企业，在环境规制开始实施之后，则必须增加环境治理投资，通过生产流程的改变和环境技术创新等方法，降低排污量，达到政策要求，在增加了环境治理投资成本且企业资本一定的情况下，必然形成对其他投资的挤占，导致企业效率低下，利润下降，因此企业将通过技术创新手段以提高产业绩效，最终形成经济发展方式的整体转变。因此，无论是从短期效应还是长期效益角度看，环境规制都将对技术创新形成需求拉动和技术推动作用，从而提高产业绩效，最终推动经济发展方式的转变。

　　制度对技术影响是社会不断进步的根本推动力，早在马克思的《资本论》中就已剖析了制度和技术之间的相互作用，并且强调了生产关系的改变（制度）与生产方式的变化（技术进步）之间的辩证关系。环境规制作为影响企业环境技术创新的一个重要制度性因素，通过改变企业环境技术创新的成本收益，从而改变对环境技术创新的供给与需求，实现资源在技术创新中的重新配置，进而影响企业环境技术创新的速度、方向和规模。在本书中，把由于环境规制引起的技术创新行为称之为环境友好型技术创新，具体概念和机制在本书下一章中将进行详细阐述。环境规制是为保护和改善环境质量而制定的，但企业作为独立的经济利益主体，不会以保护环境为目标，而是以收益能力为目标选择技术创新行为，这就决定了环境规制的政策工具选择将影响企业的收益能力最终对企业技术创新产生影响。政府的环境规制对企业的技术创新的作用是显而易见的，不同的规制工具选择对技术创新产生什么样的作用，其效果如何则需要进一步深入研究，对这些问题的分析，既能够有效提高政府制定环境规制政策的合理性，提高环境管制效率，同时也揭示了在政府环境规制政策选择下企业技术创新的微观机制。技术创新的改变进一步促进产业结构的调整和转变，最终使得我国的经济发展方式朝着可持续的方向转变。

本节只起到一个抛砖引玉的作用，具体的影响机制在后面章节中还将进行详尽阐述。

5.3 环境规制工具的具体选择

经济的快速发展造成了较大的环境破坏的根本原因并不是经济高速增长率，而是经济发展过程中没有伴随着技术的不断进步和经济发展本身结构的不断调整，使得生产和消费的不断增加对环境造成较大破坏，影响经济增长的可持续性。但是在一个自由市场经济社会中，决定能否不断的进行技术创新和经济结构的调整的根本主体并不是环境学家而是企业的生产者和消费者的选择，在环境问题中由于存在外部性、公共品和信息不对称等市场失灵问题，生产者和消费者在进行选择的过程很难做到考虑环境问题，而更多地基于自身利益进行经营选择，最终往往和环境学家追求的环境保护和经济的可持续性增长出现背道而驰的结果。因此，在追求经济可持续发展的目标下，对环境进行治理则成为主要任务，鉴于仅靠市场手段存在失灵问题，仅靠行政手段存在效率问题，因此政府对环境进行规制既包括行政手段也有经济手段，前者主要是以技术标准和排污量标准为主的"命令—控制型"环境规制政策，后者主要是以排污税、排污补贴和可交易的排污许可为主的市场激励型环境规制政策，二类政策相互结合发挥作用，最终达到最优效果。

环境污染的管理者和政策制定者在对不同的环境规制工具进行选择时要考虑多方面的因素，并根据污染类型不同对各项标准赋予不同的权重，最终选择不同的环境控制手段或工具组合，当然没有一项规制工具能够对任何污染类型的治理达到最优，选择标准如表5-3所示。

表 5 – 3　　　　　　　　　环境规制工具的选择标准和依据

规制工具选择标准	简要描述
目标性	多大程度可依靠该手段实现污染控制目标?
费用效率性	能否以最低的成本实现污染控制目标?
信息要求	污染控制所需信息能否获取，获取成本是否过高?
可实施性	该手段是否能有效实施并被检测?
灵活性	环境保护目标改变、外部环境变化时该手段能否按要求改变?
公平性	对不同企业和个人的财富分配是否有影响?
长期性	该手段对企业的污染控制的作用是否具有长期效果?

5.3.1　环境规制中的行政手段（命令—控制型环境规制工具）

环境规制过程中的行政手段使用主要通过命令—控制型的环境规制工具来实施，命令—控制型环境规制工具（command and control，CAC）表明在环境规制过程中主要运用排放标准和其他一些规章来满足环境质量目标，它与经济激励相对应。命令—控制型环境规制工具倾向于使每个厂商承担同样比例的污染控制成本而不考虑相应的成本差异问题，其管理的目标可以针对产出品的数量或污染物数量、投入要素数量、具体的生产技术以及排污行为的发生地点和时间等等。典型的命令—控制型工具对厂商制定统一标准，通常采用技术规制和排污量规制，通过相关部门发布规章或命令来要求污染者采取行动以满足环境目标，然后管理部门通过监控看规章是否得到执行，对不遵守规章的加以制裁，对遵守规章的给予奖励。环境标准简单而直接，通过设定明确具体的环境目标，反映了社会控制和削减环境污染的意愿，政府和司法机关通过界定和阻止非法行为，为标准的实施创造了方便条件。

（1）技术标准

规制经济主体的经济行为的一种方法就是限定使用的技术条件，技术规制就是通过对特定技术、使用区域或使用时段、生产设备等条件对污染排放者进行约束，对排污者进行限定来规制排污者的行为。技术标准、限制和分区等工具之所以仍被普遍应用是鉴于它们所固有的简单性，其他许多政策决策的短期性可能也是原因之一，这类规制机制也可能比较符合规制者和排污者双方的利益。① 环境规制的技术标准包括了各种实施办法，由于是技术标准规制手段，所以方法都集中于对特定技术作出规定，例如要求电厂使用脱硫设备、汽车制造企业需对机动车安装排放转化器等。也可以规定企业在生产中必须使用某种技术上最优的可得工艺或者要求生产中使用某种先进设备等等。污染控制技术标准是一种首要的环境管理工具，在使用后能够保证环境污染水平大幅度下降，但并不是一种费用有效的手段，因为无法促使那些技术水平较高已经达到相应标准的企业进行超量削减，而且该手段在灵活性方面也较差，无法对提高污染治理的动态效率提供有效激励。

　　在强制性技术规制下，排污者几乎没有选择的余地，也不被鼓励去开发能够以最低成本来达到减污目标的技术或方法。而且，在强制性技术规制下，排污者之间不能进行减污量的交易。在掌握有关减污成本和污染损害成本的全部信息的情况下，规制者可以详细规定各种必要技术来实现社会福利最大化。原则上，规制者既可以要求排污者使用投入品替代的减污技术，也可以要求排污者使用末端处理的减污技术。在一定的条件下，通过对排污者实施强制性技术规制可以达到理想的减污水平。然而，即使是在减污技术最优选择的情形下，污染损害成本在产品价格中还是没有得到反映。因此，污染削减机制的产量并没有减少。在强制性技术规制下，单个排污者无法通过寻求新的减污技术或生产技术来实现规避守法成本的目标，至关重要的是，规制者不可能掌握有关每个排污者的减污水平或减污技术的信息。从行政管理成本角度考虑，这样做也是不允许的。一般来说，规制者希望有一个统一的、容易监督的末端技术，如火力发电厂的除硫装置、过滤器或烟囱等。然而，这种情形下的减污与排污水平通常不会是最优的，这是因为排污者之间有着不同的排污量函数，这意味着相同水平的减污一般不会导致相同的排污率，边际减污成本一般也不会相等，因此，基本的配置效率条件得不到满足。如果不同排污者的边际减污成本不相同，那么把部分减污努力转移到那些边际减污成本较低的排污者身上就可以节省规制成本。

　　强制性技术规制没有给排污者任何选择的机会，因此从灵活性角度来讲，很容易与效率低下联系在一起。而且它也经常因为没有对产量的约束而

---

　　① 托马斯·思德纳. 环境与自然资源管理的政策工具［M］. 上海：上海三联书店，2005，113 - 140.

无法达到减污目标。然而，强制性技术规制也并不总是不合适的。在一些监督难易程度极为重要且污染后果极为严重的情形下，强制性技术规制有其明显的优势。例如，以下准则可能会促使对强制性技术规制的应用：①技术与生态信息是复杂的；②关键知识只有在权威的中央层面才能得到，而在排污者层面却得不到；③排污者对价格信号反应迟钝，而污染会产生长期的不可逆转的影响；④技术标准化具有成本节省等多方面的优点；⑤可行的替代性技术种类有限；⑥对排污很难进行监督，但对技术进行监督却很容易。在现实生活中，这些条件不会同时出现，但在很多情况下，其中一些条件是非常重要的，这就是为什么强制性技术规制仍然被频繁使用的原因。

（2）排污量标准

一般情况下，污染的控制目标都是以允许的排放总量或削减排放总量来定义的，因此在命令—控制型环境规制工具中则存在针对这样的目标的规制手段，即直接对企业的每个污染排放源的排放数量进行控制，我们称其为排污量标准的规制手段。环境规制部门将总体环保目标分配到具体的污染源，对每个污染源发放排污许可，但该许可不允许企业间进行交易，而只是对排污量进行的具体控制，最终实现整体排污控制目标。这种规制手段在费用上是有效率的，可以针对每个污染源制定具体的排污标准。

在很多情况下，从表面上看，强制性技术规制可能是受欢迎的，但事后看起来却并不令人满意，甚至是失败的。很多决策具有明显的短期策略特征。一个给定的技术方案，随着时间的推移，这种技术会变得无效。减污技术进步可以提供比那些立竿见影的强制性技术规制更好的减污方法。一般来说，针对排污量的规制，比针对统一的技术标准的规制更为有效，因为它为排污者提供了灵活性，使排污者可以自己选择达到规定排污量的排污方法。尽管排污量规制与强制性技术规制在灵活性上有一定的区别，但它仍被归为"命令—控制"型规制机制，与排污费或可交易排污许可相比，在灵活性方面还有一定的差距。一般来说，排污量规制下的产品价格可能会略高于强制性技术规制下的产品价格，而产量原则上会略低一些。与强制性技术规制相比，在排污量规制下，排污者在减污方面有一定的灵活性，它可以通过增加减污投资来削减污染，也可以通过减少产量来削减污染。灵活性通常是产生社会最优结果的一个必要条件，因为通过减产来减污的边际成本可能小于通过额外投资来减污的相关成本。然而，如果排污量与产量严格正相关，这时排污量规制相比于强制性技术规制仍具有技术选择上的灵活性优势，但这种优势不具有任何实质性的效果，从而排污量规制在产出效应方面的优势也将失去。

除了在守法成本和灵性上的区别之外，强制性技术规制与排污量规制之间还存在着其他一些细微差异。在很多情形下，工业污染是通过设置排污量与强制性技术规制相结合的发证程序来进行规制的。发证程序在实现目标上没有考虑灵活性，也就是说，排污交易是不允许的，而且，提供给规制者和排污者双方的信息与资源可能是不对称的，这经常会导致较松的环境标准。许多排污者在发证和市场激励型环境规制之间更偏爱前者的事实加深了这一印象。此外，我们应该警惕排污量规制所隐含的信息需求与腐败风险。规制者所要做出的判断和拥有的灵活性越多，潜在的效果就越好，但是规制的行政管理成本也会更高。当规制者对各行业逐渐熟悉后，利益冲突是一个风险。现有的排污者总是喜欢发证程序，因为它提供了很多寻租机会。帮助设计标准、要求和规制的机会，也可能为现有的排污者提供了遏制潜在进入者的机会。

排污量规制的一个负面性，在于它并不能对排污总量或环境污染水平进行完全的控制。因为排污总量水平不仅取决于单个排污者的排污量，还取决于排污者的数量。即使当每个排污者的排污量得到完全的控制，社会也没有完全控制排污总量。事实上，环境管理部门很难获得足够的信息为每个污染者制定排污标准，搜集所有企业的削减成本信息的费用甚至会超过可能带来的收益。在信息搜集问题上甚至企业通过自身更了解自己的削减费用函数而隐瞒信息或提供错误信息，造成信息不对称。因此，在排污量规制机制下，环境污染水平可能会过高。为了使监控能够省力一些，规制者有时会关注投入量或其他一些容易控制的因素。特别值得注意的一种特殊标准是：零水平，也就是完全禁止。这个特定水平对规制者来说是非常容易监督的。在其他任何不为零的情况下，规制者不得不对每个排污者的状况做出判断。

5.3.2　环境规制中的市场手段（市场激励型环境规制工具）

环境规制中以市场激励为主（market-based incentive，MBI）的环境经济手段能够把外部性纳入到企业内部，通过市场信号刺激行为人的动机，而不是通过明确的环境控制标准和方法条款来约束人们的行为，使企业的产品

价格中包含并反映环境成本，从而促进对资源的有效利用。环境规制的市场
手段通过在污染者之间有效地分配污染排放削减量，降低整体的污染控制费
用。市场激励型的环境规制工具包括排污税、排污补贴和可交易的许可证制
度等，这些政策如果能够得到较好的制定，则能够促进厂商在追求各自利益
的过程中同时实现环境政策目标，取得良好的社会效益。市场激励型的环境
规制手段还可以产生一种持续刺激，鼓励企业积极进行创新，促使排污者不
断寻找减少污染排放的技术和方法，将环境污染控制成本降到最低程度。这
种刺激不仅会促进企业提高资源生产率，还会降低产品的真实经济成本，提
高产品的真实经济价值。

(1) 排污税

征收排污税是一种广为人知的市场型环境规制工具，管理部门通过向环
境排放的每一单位污染物征税或征费，目的是通过收费反映每单位排放物对
生态环境造成的损害。政府部门并不是要求厂商必须按规定减少多少污染排
放量，而是通过征税或收费手段让厂商根据费用标准自行选择合适的生产行
为。当征收排污税政策存在时，那些单位净化成本低于单位排污排放征收的
费用的厂商将选择降低排污量以节约生产成本，而那些单位净化成本高于单
位污染排放征收的费用的厂商将继续向外部环境排放污染物将更为经济。在
信息完备、福利最大化的管理者的存在以及明晰的产权关系等假设前提下，
征收排污税则具有政策最优化特征，其中主要条件就是设定排污税等于边际
外部成本，也就是我们所说的庇古税。庇古税对外部的不经济有矫正性的功
效，是控制环境污染这种负外部性行为的一种经济手段，通过税收来弥补排
污者生产的私人成本和社会成本之间的差距，使两者相等，使产量和价格在
效率的标准上达到均衡，矫正的边际私人成本，使企业认识到在社会层面上
的成本。

庇古税的设定是基于一个厂商在扣除污染削减成本和缴纳税收后的利润
最大化的前提下的税率水平：

$$\max[pq - c(q,\ a) - te(q,\ a)] \tag{5.1}$$

公式 5.1 中，p 代表产品价格，q 代表产量，c 代表生产成本，a 是污染的减
少，e 代表污染的排放，t 代表排污税，这里是指最优状况下的排污税——
庇古税。公式表示为一个厂商在面对环境税的征收时，如何在削减污染和继
续排放污染物的两种行为中进行选择，最终达到利润最大化。对于一个具有

正的产出和污染削减成本的企业，要想达到函数值最大，其一阶导数是充分
必要条件：

$$p = c_q' + te_q' \tag{5.2}$$

$$c_a' = -te_a' \tag{5.3}$$

可见，一个厂商在面对征收排污税时，为了获取利润最大化，产品的价格应
等于正常的生产成本和每单位产量的排污收费之和，排污税的税率应设定为
等于厂商进行削减排污量的单位成本，即边际损失水平。

　　排污税的环境规制方法具有多种优点，首先，它使污染环境的外部成本
转化为生产污染产品的内在税收成本，从而降低私人的边际净收益并由此来
决定其最终产量，而不需要政府管理部门对排污量的削减进行具体规定；其
次，由于厂商要不断地为排放污染物付费，如果能够找到新的技术降低污染
削减成本低于排污税，厂商将持续获得经济利益，从而驱动厂商自行进行长
期的污染治理；最后，排污税虽然初始动机是以调节为目的的，但最终能提
供一部分税收收入，可专项用于环保事业，减轻全国范围内的环保支出的
压力。

　　不过庇古税的设定是等于社会最优产出点上的边际外部成本为前提，因
此必须了解污染损失的准确货币值，但这几乎是不可能的，因为污染的影响
不仅具有多样性、流动性、间接性和滞后性，而且限于人类的认知水平，具
有明显的不确定性。在具体操作过程中，由于货币的价值处于变动过程，因
此价值最多只能做近似估计，因此很多经济学家认为环境损害的货币化难题
成为排污税制度的最大问题，因此很多情况下需采用改进的方法。在改进的
方法中，政府机构首先确定希望达到的环境水平，然后再确定能够促使企业
削减排污量的排污收费标准，但是政策方法必须经过多次试验才可行，否则
其不确定性会导致企业行为无法与政府最初制定的排放控制目标相吻合。

　　除此之外，在排污税政策具体的执行过程中，针对环境收费会引起企业
的流动性问题，最好的解决方法就是对污染者排污量的不同设置双重标准的
税率，对那些污染水平较低的企业，如果污染水平在规定的可允许的水平下
则征收低税率，而对污染严重的过度污染企业征收高额税率。除此之外应给
企业留存足够的利润剩余以便企业对污染治理进行投资，让污染者最后从利
润中支付合适的租金。作为市场化环境规制中最主要的工具，排污税是使环
境污染外部性内部化的有效办法，在适当运用的条件下能够实现有效率的资
源配置。收费的高低水平是通过反复试验进行调整的，为了避免企业产生对

排污税的抵制情绪，在事前需要进行宣传并制定较低的税率标准，使企业可以留下足够的资金去避免高额环境收费而带来的流动性问题。但是过低税率水平往往会导致企业进行末端投资，投资额较小但对排放污染的遏制作用不高，不足以消除污染，最终使环境税的作用无从体现。因此，选择对污染者形成同样的边际成本的条件下总治理成本最小的工具——排污补贴，受到污染排放者抵制较少，因而可以设置得比纯粹税收更高一些。

（2）排污补贴

除了排污税制度外，另外一种依托于价格手段的环境规制工具则是排污补贴。排污税和排污补贴从表面上看较为相似，补贴是一种对直接减污所造成的成本的部分补偿，是一种消极的税收模式；而排污税则是对厂商不进行污染削减而进行的惩罚机制。可见，排污税和排污补贴对排污者所产生的激励效果方面存在相同之处，但是排污补贴和排污税在所有权以及环境权利方面还是存在着本质差异。补贴缺少税收的产出的替代效应，不仅价格以及由此产生的产出效应消失了，同时一些补贴方法还会产生一种不合理的或者相反的效应。假定企业初始的污染水平为 e_0，政府制定出环境规制政策，针对每单位污染的削减给予补贴 s，企业的排污水平下降到 e_1，排污者得到补贴为 $s(e_0 - e_i) = se_0 - se_i$，可见补贴款是由 se_0 和 se_i 共同构成的，其中 se_i 是根据排污水平的高低给予不同的补贴，属于变量补贴，企业在变量补贴的作用下，存在为获得更多补贴款而进行减污的动机，作用与排污税作用相同。与排污税形成作用差异的是 se_0，它属于固定补贴范畴，在一定程度上降低了企业市场生产的总成本和平均成本，使其在补贴情况下的成本低于税收情况下的成本。对于那些生产效率不高，污染严重的企业，在税收情况下只能退出市场的企业，在补贴情况下却有可能继续生存下来，从总量上造成更大的污染。补贴倾向于鼓励排污者进入，也必然导致某行业较大程度的生产和污染水平。

排污补贴手段中存在对环境规制的不合理作用可以通过工具的细致设计使副作用降到最低。排污补贴不是对每单位污染降低的支付，而是对确认的污染成本的全部进行支付，这种模式没有真正地做到污染有排污者承担的原则，但这种方法在企业中（排污者）是被广泛接受的，特别是政府在推行某些环境规制政策受到阻碍的时候，例如污染者无法确定的时候，其他方法都无法对污染源进行管理，当政府部门选择排污补贴的方法时，就能够激励真正的污染者主动出来承认污染行为并进行改善以期获取排污补贴，或者在污染主体缺失的情况下（例如排污者破产），有其他企业为获得额外补贴自愿承担减污工作，则此工具在此时发挥出巨大作用。

总而言之，排污补贴手段无法全面解决排污税所存在的问题而成为对它的全面替代。在现实操作中，与环境最相关的问题并不是对污染控制的补贴手段，而是对污染不合理补贴的盛行。不恰当的补贴不仅没有防止对环境破坏的经营行为，甚至还存在对这种行为的促进作用。例如，一些国家对国内企业或个人对于能源消费给予相应的补贴，这些补贴都对环境保护产生相反的作用，取消这些不利政策也成为一种政策的创新。

（3）可交易排污许可证制度

可交易的排污许可证制度是一种基于市场的环境规制政策，它是指凡是需要向环境排放各种污染物的单位或个人，都必须事先向环境保护部门办理申领排污许可证手续，经环境保护部门批准后获得排污许可证后方能向环境排放污染物的制度。可交易的排污许可证制度是控制排污总量的一种有效方法，政府管理部门首先要确定符合预先预定环境目标所要求的总排污量，进而公布单个企业的排污许可，单个排污许可的总和为整体的排污总量，排污许可证需具备可转让性。通过市场交易对于排污所有权的重新分配，使新的企业生产行为或企业新的经营活动得以进行。可交易的排污许可证机制的建立有助于消除隐含在财产权缺失中的外部性，或环境作为公共品的外部性问题。可交易的排污许可证制度对企业削减排污量的激励效果不同于前面的排污税和排污补贴两种市场激励型的环境规制手段，那些制造污染物但能够以低于许可证的市场价格的成本削减污染排放的企业将会选择污染控制措施，而那些污染制造者自身削减污染的费用过高，高于许可证的市场价格，企业则选择购买许可证而保持原有的污染排放量。因此，可交易的排污许可证制度通过市场"看不见的手"的作用，引导企业以最低成本完成污染源的治理，在既定的污染削减水平下，总成本达到最低。

环境规制的政府管理部门利用污染的总量控制确定总排污量的社会最佳水平 E，并根据总量对不同企业发放相应数量的许可证，每个企业都得到相应的许可证 e_0。企业根据可交易的排污许可的法律规定，在进行生产过程中根据自身利益最大化原则选择所要生产的产品数量、污染削减数量和许可证使用数量的相关组合，必须使排污量和排污许可证数量相吻合，在此限制下取得利润最大化：

$$\max\left[pq - c(q, a) + p_e(e_0 - e_i(q, a))\right] \tag{5.4}$$

公式中 p 代表产品价格，q 代表产量，c 代表生产边际成本，p_e 代表许可证价格，e_0 代表本企业拥有的许可证数量，e_i 是企业的排污量，公式（5.4）最终所得为企业通过自身选择，最终获得利润最大化。企业拥有的产量和减污成本的一阶充要条件为：

$$p = c_q' + p_e e_q' \tag{5.5}$$

$$c_a' = -p_e e_a' \tag{5.6}$$

通过公式可见，p_e 等于污染的边际损害成本，这表明公式（5.6）的条件等同于（5.3）的条件，并且可交易的排污许可证下的产出价格正好等于内部化的环境危害。

　　在可交易的排污许可制度中，环境主管部门是代表国家行使环境管理职权的主管机关，他们的权限主要集中于计划、管理和监督：首先，在可交易的排污许可证制度实施前，政府主管部门应先制订计划，规定哪些污染物可进行许可证交易，交易制度实施时间和涵盖的企业范围，当然在这些任务中最主要的是考虑经济增长、人口变化和技术创新等多方面的影响因素，制定出科学可行的社会污染整体控制目标；其次，政府主管部门应制定合理的排污许可证分配方案，并按照办法将许可证分配给各企业并制定规范许可证交易市场的规则，规范交易各方的行为；最后，环境主管部门的一项重要职能是监督交易制度的执行情况，即监控排污许可证在各交易方的流动情况，以及监督排污许可证的持有者——参加该计划的企业——是否在其持有的许可证限量以下排污。除了制定规则和行使监督责任的政府以外，参与排污许可证交易的企业是制度的另一类重要主体。一般情况下，交易制度的参加者应当是有固定污染源的工业生产企业，而不是非固定污染源（如居民生活污水或农业用地排出的污水）。这类非固定污染源没有固定的排污口或排污口过多且分散，如果也采用交易制度来管理，不仅难以监督，而且费用极高，管理污染的效果也不好，所以交易制度的参加者通常是固定污染源（即生产企业）。而且，为了有效控制污染并尽可能降低交易费用，纳入排污许可交易制度的应当是排污量在一定底线以上的企业。排污许可交易制度中还应该有一类中介机构，专门从事数字统计、分析，污染控制技术研究，以及环境咨询等工作。这类工作原本是由环境主管部门来完成的，但为了更明确地分工，让主管部门有更多的精力投入决策和监督中去，可以由专业人士成立中介机构，为环境主管部门和企业提供服务。一方面，中介机构搜集污染数据资料，加以分析，为环境主管部门提供可靠的数据和专业的建议，以便主管部门能做出科学而可行的总体计划。另一方面，中介机构服务于企业，为企业估算排污量，为企业的污染控制提供技术咨询，或者为企业充当许可证交易的代理。

可交易的排污许可证制度能否发挥作用，取决于真正的污染许可证交易市场的建立并形成一个有效的市场价格形成机制，需要准确界定排污许可证并保证产权并使潜在市场容量足够大和较低的交易成本，这样排污者的污染削减行为的收益才是确定的，排污许可证的潜质效益的投资和交易才能处于最优水平。排污税可以在全国范围内使用，但排污权则是以不同地区的环境媒介作为先决条件的，因为每个地区环境稀缺状况不同，每个地区内部的排污企业数量也有差异，所以对社会排污总量确定以及不同企业的配置额度必然有所差异。在初始分配排污许可的方式选择上包括拍卖和免费配给两种形式：一种是拍卖许可证，从配置的观点看，在社会排放总量目标确定的情况下，通过拍卖的方式把排污总量配额即可交易的排污许可证在企业间进行分配，许可证的价格造成企业产品成本增加，产品售价增加，使产量下降，此时，政府管理部门从环境规制过程中获得了出售许可证的收益；另一种是无偿分配许可证，即排污许可证初次分配过程是政府部分在社会排污总额的目标下将许可证无偿配置给排污者，基本作用与拍卖没有区别，但在给定的排污许可下，企业的产品成本没有包含环境规制成本，当企业排污量超过相应限制，企业的产品成本则增加，因为企业需到市场中购买超出部分的排污许可，因此按照市价购买的排污许可证的成本则被加入到产品成本中，最终使售价升高，产量下降。可交易的排污许可证制度初始配置过程无论是拍卖还是无偿配置都将使生产企业在一定程度上为排污付费，因此对削减排污量有一定的激励效果，不同点在于拍卖增加了政府的财政收入，排污者需要为每一单位的排污付费，遇到的企业的抵制也就较高，而无偿划拨形式使排污者不必为每一单位排污量付费，这部分费用将留存于企业，增加企业的产量和产品质量，甚至给企业进行环境技术创新提供资金支持，但硬性的激励效果小于拍卖方式。在可交易排污许可证初始配置过程中实际上暗含了政府管理部门授予的可以污染高达的一个确定量的权利，那么这个排放量的标准也就隐含地规定了权利的可转让性，长期来说，会建立污染权价格，并通过价格机制来配置污染物质的排放权。可交易的排放许可权利规定可以是临时的，也可以是永久的，但一般随着经济发展、技术水平、生态变化等因素的影响许可证的总额要发生相应变化，但许可证的分配可以仍然与先前的分配比例相协调。

在可交易排污许可证制度中，允许排污许可证进行交易，可以在实现有效地污染控制时，充分地节约社会成本。排污许可交易制度也要求主管部门的分配要尽可能的合理有效，可以向相关企业咨询，企业因为自己了解其自身的实际情况易于达到最理想状态，避免主管部门责任过度加重带来的许可额度的不合理。排污许可交易制度借用市场的价格机制，让企业根据自身条件对许可证通过市场进行再分配，与排污量标准手段相比，交易制度更具有强烈的灵活性。交易制度中的许可证分配可随企业的变化而经过市场加以调整。可交易排污许可制度对环境技术创新的提供巨大激励作用，排污者通过技术改进不仅可以降低自身环境规制成本，还可以从交易排污许可交易中获利。但如果在技术不断进步的情形下，政府管理部分对排污许可证总量进行调整，可交易排污许可机制将会使减污水平固定化。

可交易的排污许可证制度对排污者的激励和约束作用不同于前面的排污税和排污补贴手段，在许可证制度下排污者具有一定主动权，他们可以根据自身技术创新能力削减污染排放量，并根据削减污染成本和许可证价格之间的价格进行自身行为决定，最终使总成本最低。但可交易的排污许可证制度并不是没有缺点，例如一种产品的生产如果必然产生污染物的排放，而某企业通过初始分配或市场购买等手段拥有该污染物排放许可的绝对份额，那么这家公司可以借助环境规制工具阻止其他企业进入该产品生产市场，这将使政府干预极大地扭曲有效的市场竞争行为。另外，就是在我国的现行体制下，某些污染的排放在现阶段应处于免费状态，但如果选择可交易的排污许可证制度则将使企业的生产成本急剧上升，阻碍国家的经济增长，而如果采用许可证无偿划拨则环境规制目标又无法实现的问题将会出现。

5.3.3　环境规制中的行政手段与市场手段的差异性

环境规制的行政手段要求排污者采取某种特定的技术或执行某一排污量的标准，但由于信息不对称等问题，规制者对排污者的数量无法实施可行的规制，即使每一排污者严格遵守了规制者的要求，总的排污量还有可能会过大。因此，在减污效率方面，"命令—控制"型规制机制的效果并不理想。

虽然"命令—控制"型规制机制在理论上也可以实现成本最小化，但这需要对每个污染源制定不同的标准，环保部门必须了解每个污染者的边际削减成本函数，才能计算出每个企业应该削减的量，显然，这样的信息规制者是无法获取的。规制者似乎没有足够的信息来知道哪些投入品替代和末端处理技术可以满足这种特定要求。从有效利用产出效应渠道来减污的角度看，"命令—控制"型规制机制具有明显的缺陷。在需求曲线给定的情形下，产量减少的程度是由边际供给成本上升的程度决定的。可以由此判断，相对于市场激励型环境规制手段，命令控制型的数量管理手段是无效率的，实现特定目标的真实成本也过高。

在"命令—控制"型规制机制下，排污者没有将"剩余"的排污量内部化，过多的产出导致了效率损失，增加了社会成本。因此，相对而言，排污者只承担了总规制负担中的较小一部分，但这是以增加整个经济的损失为代价的。由于"命令—控制"型规制机制不带来财政收入，因此，相对于增加财政收入的机制而言，它将迫使政府更多地依赖通常为扭曲性的税收。这表明"命令—控制"型规制机制除了因过多的产出而导致的对社会成本的不利之外，还有另外一个对社会成本不利的地方，那就是将导致政府收入对通常为扭曲性的税收的依赖程度增加。在"命令—控制"型规制机制下，规制者却无法无误地预测排污者的守法成本，规制者也无法确切地知道总的排污量减少的程度，因为总排污量不仅取决于单个排污者的排污量，还取决于排污者的数量，而后者是不确定的。因此，在采用"命令—控制"型规制机制下，会同时存在减污成本的不确定性和排污量的不确定性。在"命令—控制"型规制机制下，规制者为每个排污者规定一特定的排污量或要求执行一个统一的技术标准，排污者只需被动地执行即可。在此类机制下，排污者之间不能交易减污量，也无须为排污交纳费用，排污者无法从发明或采用更低减污成本的污染控制技术中获益，因而这类机制无法为减污技术进步提供激励。

市场激励型环境规制则鼓励通过市场信号来影响排污者的行为决策，而不是制定明确的污染控制水平或方法来规范排污者的行为，这类规制机制通常被描述为"借助于市场力量的机制"。如果它们被很好地设计并加以实施的话，将促使排污者在追求自身利益的同时，客观上导致污染控制目标的实现。为达到环境标准，市场激励型环境规制与"命令—控制"型环境规制相比最为显著的特征是它能带来巨大的成本节省和为减污技术进步提供激励。从理论上来说，设计适当并得以实施的市场化环境规制机制，能以最低的成本实现任一期望水平的减污量，此时，减污成本最低的排污者被激励去进行最大数量的污染削减以期获得利润最大化。不像统一排放标准那样，市场激励型环境规制力求使各个排污者的边际减污成本相等，它制能够利用排污者在减污成本上的差异，在排污者之间进行减污努力的有效配置，与"命令—控制"型规制机制相比，采用市场激励型环境规制达到相同的环境质量标准能带来巨大的成本节省。在传统的"命令—控制"型规制机制下，规制者面对的信息问题是巨大的，规制者只能在污染源之间进行粗略的区分。在信息不对称的现实世界里，相比于"命令—控制"型规制机制，市场激励型环境规制具有明显的信息节省优势，这是市场能有效地解决信息问题的一般原理的又一个例证。从一个动态的视角看，相比于"命令—控制"型规制机制，市场激励型环境规制还能够刺激更有效的减污技术的发展，相比于规制者规定一个统一的排放标准，市场激励型环境规制能提供强烈的刺激，让排污者去发明或采用更为经济和成熟的污染控制技术，因为排污者能从发明和采用更低减污成本的污染控制技术中获益。不同的市场化规制机制在减污效率、规制成本的分配、不确定性的性质，以及对减污技术的激励程度这四个方面是不同的，这四个方面是设计与选择市场化规制机制的决定性因素。

对市场激励型环境规制和传统的"命令—控制"型规制机制，环境经济学领域的大量理论和实证文献作了对比，比较结果表明市场激励型环境规制在成本有效性和对减污技术发明与传播的激励这两个方面具有明显的优势。但是，必须指出，环境政策的制定并不是在市场激励型环境规制和"命令—控制"型规制机制之间进行简单的选择。为了更好地满足效率、公平和政治上的可行性等要求，通常需要市场激励型环境规制和"命令—控制"型规制机制的组合使用，即由这两种类型的规制机制的组合来形成环境保护的主要力量。市场激励型环境规制与"命令—控制"型规制机制之间在更多的情形下是一种互补关系，而不是前者对后者的替代。"命令—控制"型规制机制的不可替代性，主要是因为市场激励型环境规制的适用性，在一定程度上还受到污染物质的特性和空间因素的限制。

同时，本书认为市场激励型环境规制对环境保护应做出更大的贡献。部分原因在于规制者倾向于使用更为传统的"命令—控制"型规制机制，市场激励型环境规制以往常被忽视。有充分的理由及证据使我们相信，这个忽视严重地妨碍了以最小成本来改善环境质量的努力。目前许多国家的环境保护部门对以经济激励为基础的规制机制表现出了浓厚的兴趣。但是，我们必须认识到，如果没有必需的经济、法律和技术上的制度能力，以及一个合适的社会环境的支持，无论市场激励型环境规制或"命令—控制"型规制机制都将难有作为。而这些能力在发展中国家和转型经济中通常是十分有限的。因此，为了达到保护环境的目的，市场激励型环境规制和"命令—控制"型规制机制，都必须与现有的社会情况和制度相匹配，而且在应用它们的同时也必须进行政府能力建设。

因此，在环境规制中，没有固定的政府干预模式，也不存在独立的规制机制，市场激励型环境规制和传统的"命令—控制"型规制机制都有发挥作用的空间。在特定情况下，哪一种规制机制更有效，取决于环境问题本身的各种特点，以及所处的具体社会、政治、经济环境。因而应分析环境规制过程中所有参与者所面临的真正挑战，进而根据每一个具体的情况选择最佳的规制机制。当前，日渐增加的污染控制费用导致了对更为经济有效的市场化规制机制的需求；可交易排污许可机制在一些环境规制项目中实施的成功，增加了人们对市场激励型环境规制的了解，更倾向于采用市场化手段来解决环境问题。这些因素将使得基于市场的环境规制机制，特别是可交易排污许可机制和排污费返还机制，在未来的时间里将扮演日益重要的角色。

第 6 章

环境规制对环境友好型技术
创新影响的经济分析

当今，全世界似乎仍然没有找到一个公认的以可持续发展为导向的经济增长模式，但是环境污染的严重形势已经超出地球资源的承载能力，生态学家普遍认为环境问题主要来自于工业化国家和发展中国家对于短期经济增长的过度强调，他们指出，经济增长以牺牲环境作为代价，经济增长率可以在一定阶段保持在较高的水平主要是因为企业的生产和消费的增长产生的污染物在不承担任何成本的情况下源源不断的排放至公共环境中，导致环境遭到破坏，而环境成本并没有在经济增长指标中得以体现。但是以牺牲环境作为高速经济增长的代价是不可持续的，各国政府采取各种环境规制手段对环境进行保护是必然选择。工业化国家努力削减高人均消耗对环境带来的破坏，而很多发展中国家则面临着既要缓解环境恶化同时又要战胜贫穷的挑战。中国虽然已走出解决人们温饱阶段，但人均收入水平较低，企业生产效率不高，因此面临着实施环境保护的同时推动经济快速增长的双重挑战。党的十七大报告中指出"建设生态文明，基本形成节约能源资源和保护生态环境的产业结构、增长方式、消费模式"，在经济发展中要求人与自然环境的和谐。党的十七大报告还指出应将环境损害成本纳入价格形成机制，建立健全资源有偿使用制度和生态环境补偿机制。显然，建设生态文明的关键是加强环境规制，促使环境成本内部化。环境成本内部化是否会影响企业竞争力和企业技术创新，如何通过合理的环境规制促使环境成本内部化，提升企业技术创新能力，实现环境保护和经济增长的"双赢"，是一个亟待研究的课题。

6.1　环境友好型技术创新是解决环境保护与
经济发展矛盾的根本途径

6.1.1　经济发展对环境的胁迫效应

经济活动本质上是移动或重构环境资源（可再生或不可再生资源），使
人类在生产经营过程中获得收益。人类的经济活动追求的目标是经济发展，
发展速度的快慢与资源环境之间则存在着牢不可破的相互关系。人类的生产
活动需要消耗资源，随着经济规模的扩大和发展速度的不断提高，资源消耗
也迅速提高，环境资源使用问题是围绕着将来的人口增长和经济发展的根本
问题。人口的增加形成对粮食需求增长，从而形成对农业用地的需求，扩张
的人口需要更多的城市、居住和工业发展的空间，这些需求将会趋向于侵占
农田、森林和自然生态系统，土地使用一直是环境问题的中心；工业生产方
面，资源使用的扩张也像农业产出扩张一样，依赖于能源的供给，它使得其
他所有资源的使用成为可能①，因此能源问题特别的重要；人类在生产活动
中对可更新资源的过度收获引起严重的环境损失，在过去几十年，森林覆盖
率下降，在多年稳定增长以后，全球渔业捕获量接近最大产量，主要的渔场
开始下降，自然资源的开发也会引起物种消失的加剧，导致未知的生态危
害，这些压力只会增加对正在增长的食品、燃料、木制品和纤维的需求。

6.1.2　环境污染及环境规制对经济发展的约束效应

人类生产活动消耗大量资源，自然资源不能从一个封闭的系统中自行消
除，而只能经过使用后对人类不再有用的东西以排放物和废料的形式再回到
自然环境之中。其中一部分外部环境有能力重新回收并进入再循环过程，而

---

① 19 世纪经济发展主要依赖煤炭，20 世纪的发展主要依赖石油。我们现在对化石能源资源的
严重依赖（发达经济能源使用的 85% 以上）造成了 21 世纪经济的主要问题。这些问题部分来自化
石能源的有限供给。目前已知的石油和天然气储量在 50 年内大部分将被消耗。煤炭储量可以维持更
长的时间，但煤炭在所有能源中是污染最严重的能源。

有些排放物只能部分被回收利用或无法回收利用，那么无法进入再循环系统的排放物将会逐渐在空气、土壤、水资源等载体中进行堆积，当堆积物超过了存储系统的承载能力时，则会对人类的生活和经济生产造成严重的负面作用。可见，经济增长会导致累积性污染物①、有毒和放射性废弃物数量增加的问题，而造成这些问题的当事人并没有把这些环境的破坏和对他人的私有财产造成的损害计入自己成本，而这样的损害却是整个生产成本的一部分，并应该对生产者和消费者的选择产生影响作用。因此，政府必须选择环境规制手段对自由的市场经济进行指导性干预，以便把环境破坏的水平降到最低点，使环境破坏所增加的外部成本与导致这些损害的生产所增加的利润相匹配。

环境污染的恶化和环境规制政策在一定程度上都将对经济发展具有约束效应，抑制经济增长，如由于水资源的污染导致缺水或者是政府为了控制污染程度制定相关政策，都将使用水价格提高，从而提高企业的生产成本，使企业的生产能力下降；矿产资源、森林资源或其他能源在缺少保护和限制的条件下开发，使得可用资源数量下降，或者政府对矿产资源进行合理保护，都将使企业在使用矿产资源和能源的时候成本不断提高，抑制经济发展速度；土地沉降、降水减少或受到污染、土地滑坡等环境污染造成的灾害事件同样阻碍着经济增长；环境污染不断的恶化必然促进政府增强对环境保护的力度，面对更加严格的环境标准，抑制或终止某些污染严重或破坏资源严重的产品生产及某些资源的使用，在环境得到有效保护的同时，严重阻碍了经济增长速度；环境治理也需要大量的资本投入，在一定程度上占用了企业或社会用于经济发展的有限资金，经济发展速度进一步下降。

6.1.3　环境保护与经济发展的矛盾解决路径：环境友好型技术创新

面对环境保护和经济发展的内在矛盾，如何既能够保持一定的经济增长速度又能够使环境得以保护的路径选择一直是问题的根本所在。中国是个能源消耗大国，但是单位能源产出率不足发达国家的1/10，以我国最主要的能源消耗消费品煤炭为例，煤炭在我国一次能源消费中占70%左右，高出

---

① 不随时间消散或降解的污染物。

世界平均水平40%，全国烟尘排放的70%，二氧化硫排放量的85%，氮氧化物的67%，二氧化碳的80%都来自于燃煤。以2007年为例，我国煤炭造成的环境、社会和经济等外部损失达到人民币17450亿元，相当于当年国内生产总值的7.1%，由于市场和政策失灵的结果，致使环境损失等外部成本，没有纳入煤炭价格体系当中①。因此，在追求经济增长的同时必须对环境压力进行缓解，在处理生产、环境和产出增长基本经济问题的时候，不能把环境问题作为事后的结果来看待，必须把环境看作生产函数中的基础要素，当生产函数中环境要素的成本提高时，又想使产出、经济增长速度保持不变，那么生产函数中唯一能够调整的就是技术创新水平，通过技术创新的改变来调整函数关系，才能够保证在投入要素成本发生变化时，产出保持不变甚至出现增长的可能性，因此，技术创新则成为了解决环境和增长之间矛盾的根本途径。这些技术创新包括了煤的可持续性利用，在煤的开采、运输、使用等方面通过技术流程的改进使煤炭的使用降低污染程度，减轻污染排放，或者通过技术创新手段产生节能、低成本和环境友好型的可再生能源；在水资源的可持续利用方面，通过技术流程方面的改进增加水资源的利用效率，特别是针对农业方面，通过污染物的处理方法方面的技术创新，降低污水污染程度，改善水质；在工业生产方面，通过生产环节的重新设计，在工业生态、工业布局方面进行技术改进，使废物能够被重新利用；在农业方面，农场、农村家庭和农村社区基础设施的环境友好型建设和实用技术，通过农业的技术创新，减少农业消耗，增加农业产量，恢复生态和生物多样性，保护森林和草原。以上这些技术创新活动，与一般技术创新相比相同之处在于能够提高企业的生产效率，使企业获得超额利润，在市场竞争中获得较大市场份额，但这种技术创新带有自身的独特性，它们在考虑提高生产率的同时，还要以研发出能够节约资源、避免或减少环境污染的技术为根本目标，这些技术包括了从末端污染控制技术到能源替代技术，这些技术均有利于维持清洁环境。通过这些技术创新活动，最终在保证经济增长的同时使生态环境质量得以改善，这种特殊的技术创新活动我们称之为环境友好型技术创新。当社会和企业在追求快速的经济增长时，在主观上（环保理念教育）或客观上（环境规制工具）充分考虑对环境的保护，必然选择通过清洁生产技术的推广使用，污染排放总量得到控制，从而减轻经济增长对生态环境

---

① 绿色和平组织等.2010年煤炭的真实成本［R］.绿色和平，5－10.

的压力，经济增长对环境的胁迫机制和环境对经济增长的约束机制的矛盾才能得以解决。

6.2 环境友好型技术创新体系的构建

6.2.1 环境友好型技术创新的基本内涵

1992 年联合国里约环法大会《21 世纪议程》正式提出"环境友好"概念，环境友好这种发展理念于 2005 年正式引入中国，其基本内涵是以环境资源承载力为基础，倡导人与自然、人与人和谐的社会形态，基本目标就是建立一种低消耗的生产体系、适度消费的生活体系、持续循环的资源环境体系、稳定高效的经济体系、不断创新的技术体系、开放有序的贸易金融体系。通常意义的技术创新都是指给定生产要素水平下能够提供更多或更好的商品或服务，一般利用对生产函数改变来进行解释，而在环境污染不断恶化的今天，在政府严格的环境规制政策的执行条件下，现有的技术创新既要考虑生产率的提高同时需要考虑能节约资源、避免或减少环境污染的技术，此时的技术创新活动包括了技术创新和环境创新的双重目标，这样的技术创新活动我们称之为环境友好型技术创新。环境友好型技术创新是既考虑资源环境的承受能力，也要考虑社会的经济增长水平，从保护和节约资源、避免或减少环境污染角度出发，改善环境质量的新产品或新工艺的设想产生到市场应用的完整过程，包括新设想的产生、研究、开发、商业化生产到扩散这样一系列的活动，包括各种环境友好的生产新理念、新工艺、新产品等。环境友好型技术创新经历一系列的发展过程，如表 6 - 1 所示。

表 6 - 1   环境友好型技术创新的发展过程

名称	时间	主要特征
末端技术	20 世纪 60 年代	污染的去除与资源化
无废工艺	1979 年	资源的合理利用
废物减少化	1984 年	零排放
清洁技术	20 世纪 80 年代末	节能、降耗、减少排污量与毒性
污染预防技术	1990 年	源头削减

环境友好型技术创新种类千差万别，对生产效率的提高和环境保护的作用也各不相同，按照其技术内容不同，环境友好型技术创新又分为以下几类，如表 6 - 2 所示。

表 6 - 2　　　　　　　　　　　　环境友好型技术创新种类

技术种类	环境友好型技术创新的不同技术内容
污染控制技术	避免有毒、有害物质直接排放到大气、水和土壤中
废弃物管理技术	生产者和管理企业的废弃物处理、处置
清洁生产技术	整个生产过程节能、降耗、减污
循环技术	通过从废弃物中回收有用物质，实现废弃物减量化
清洁产品技术	从设计、生产、使用到处置的整个产品生命周期产生极小的环境影响
恢复技术	消除污染物质对环境的危害，恢复生态系统功能
检测与评价技术	检测与识别污染物，评价污染物排放对环境的影响

6.2.2　环境友好型技术创新的主体

环境友好型技术创新目的是在原有提高生产效率的技术创新目标基础上，融入环境保护的目标，通过现有的高新技术和环保技术突破与融合，采用国外技术引进和国内技术开发相结合的模式，使我国企业的生产模式从"高消耗、高产出、高污染"的生产模式向可持续的、环境友好的和资源节约的"低消耗、低污染、高效率、高效益"的现代生产模式转化。中国环境友好型技术创新的总体趋势是与国际先进水平的差距在不断缩小，部分技术水平已达到国际先进水平，然而，中国环境友好型技术创新活动研究较多地集中于污染排放的治理方面，对于预防与减少污染物排放的清洁技术以及多样化高效回收技术的开发和推广应用仍重视不够，因此创新主体的特征及行为将直接决定着未来我国环境友好型技术创新活动的走向。由于环境友好型技术创新加入环境保护的目标，由于环境本身的外部性、公共品以及信息不对称等因素的存在，无法像传统技术创新行为那样以企业作为创新行为的根本主体，而是需要政府在环境友好型技术创新过程中发挥主要作用，在政府政策引导及激励下，使企业和科研机构发挥技术创新能力。

（1）环境友好型技术创新中政府的激励主体地位

政府在环境友好型技术创新过程中发挥重要的作用。我国政府部门对于环境保护问题进行有效的宏观管理，通过相关的法律和政策规范环境标准，在改革开放初始时期和转型阶段，我国的环保政策更多的是采用行政性的命令—控制型规制手段，通过制定排放标准和技术标准对企业和消费进行约束，这样的政策更多的是对末端污染进行约束和治理，推动了污染控制技术、废弃物管理技术等末端污染处理技术的发展，在一定程度上达到了环境保护的目的。但是传统的末端治理不是彻底治理，而是污染物的转移，而且与生产过程相脱节，仍然是选择"先污染，后治理"的生产模式，侧重点是"治"，不仅投入多、治理难度大、运行成本高，而且往往只有环境效益，没有经济效益，企业没有积极性。随着改革步伐的不断推进，末端污染控制技术尽管对企业的污染排放有一定的约束，但经济高速增长使生产总规模不断提高，排放总量也不断扩大。因此，政府部门对原有的环保政策逐渐从原来的命令—控制型政策向市场激励政策转变。通过环境税、环境补贴和可交易的排污许可证制度等激励企业的技术创新从末端技术向清洁技术转变，清洁技术从产品设计开始，到生产过程的各个环节；通过不断地加强管理和技术进步，提高资源利用率，减少乃至消除污染物的产生，侧重点是"防"，清洁生产从源头抓起，实行生产全过程控制，污染物最大限度地消除在生产过程之中，不仅环境状况从根本上得到改善，而且能源、原材料和生产成本降低，经济效益提高，竞争力增强，能够实现经济与环境的"双赢"，最终达到我们所说的环境友好型技术创新的目的。在环境友好型技术创新活动初期，需要投入较大的资金，完全依靠企业自身往往在能力和动力上都有一定局限性，因此科技部通过各种不同的国家科技计划分配环境科技资金，包括了研究机构的运行经费（新产品试制费，中试费以及重大科研项目补助金）、国家科技计划项目经费，他们是研究资金的主要来源部分，排污收费也可以用于研究目的，其中部分是用于环境保护机构污染治理有关的能力建设，部分用于企业和科研机构，特别是地方科研机构的科研活动。

环境友好型技术创新追求技术创新和环境创新双重目标，作为社会微观主体——企业侧重于技术创新给其带来的效益增长，作为社会宏观主体——政府侧重于技术创新给其带来环境的改善以及经济的可持续性发展，因此在环境友好型技术创新过程中需要平衡政府和企业之间的利益矛盾。政府作为全民利益的代表注重的是整个社会的生存和发展、国家整体利益和长远利益，通过各种环境规制政策和资金扶持政策推动环境友好型技术创新是政府推动经济可持续发展，促进经济发展方式从追求个体经济利益最大化的粗放型增长向追求生态效益、经济效益和社会效益相协调的集约型经济发展方式转变，实现我国经济发展的长远利益最大化目标。企业和科研机构等作为环境友好型技术创新的微观创新主体，由于环境友好型技术创新具明显的外溢性、投资周期较长和结果不确定性等特征，仅靠微观主体自身动力无法达到社会的要求。因此，需要政府通过行政手段和市场手段等环境规制政策工具来激励微观创新主体创新行为，使创新成本下降，形成稳定的预期收益，把环境成本和生态价值内部转化为企业的创新动力，使微观主体和宏观主体的环境友好型技术创新动力得以吻合，实现传统技术创新路径向环境友好型技术创新路径转换。

（2）环境友好型技术创新中企业的实施主体地位

在中国的环境友好型技术创新体系中，企业是重要的也是真正的实施主体，但是由于长期缺乏良好的监管和激励，公司没有强有力的环境友好型技术创新的动力。在一个不断完善的市场经济社会中，企业作为市场主体追求个体利益最大化，不断尝试着增长方式的转变、具体生产技术和流程的创新，并进而完成相关的技术进步，但是对于环境保护问题，由于会使其成本增加、技术创新的巨大风险和明显创新产出的正外部性等特征，企业无法自愿的完成涉及环境保护目标的技术创新活动。环境友好型技术创新的实施强调技术供给方（企业和科研机构）的合作、政府环境规制政策的激励、需求方（消费者、政府和能源部门等）的环保意识的提高等多方面的协调，因此企业和科研机构作为供给方是在有效的激励下增加环境友好型技术创新行为。在政府对环境友好型技术创新方面政策和资金的支持下，大力突出企业在环境友好型技术创新过程中的主体地位，建立企业主导技术研发创新的体制和机制，支持企业加强研发中心建设，加大研发投入，支持企业与科研院所、高校组建技术创新联盟，联合攻克环境技术创新中的关键技术；强化协同创新，提高整体效能，加强统筹协调，整合科技资源，优化结构布局，建立基础研究、应用研究、技术创新和成果转化协调发展的机制。在进行环境友好型技术创新过程中，由于环境创新技术本身具有的试验性和复杂性，促进了企业和科研机构之间的知识人力资源和环境创新资源的重组和创新价值整合，企业对于环境技术转化能力、实施能力和管理能力在环境友好型技术创新中尤其重要，政府完善的环境规制制度和投资支持极大地促进了具有一定环境创新能力的企业的创新动力，促进其与研发机构、高校等的合作和构建完备体系，参与到环境友好型技术创新自主研发，成为环境友好型技术创新的一个重要主体。

6.2.3 环境友好型技术创新的动力机制

环境友好型技术创新是建立在科学技术发展的基础之上的，创新在宏观上由政府进行引导和激励，微观上则主要由企业来承担环境技术创新活动，而整体产业的环境技术创新则依托于企业的环境友好型技术创新发展基础之上，当产业通过创新活动提高了生产效率同时促进了环境改善，则经济发展呈现可持续性，最终形成了整个社会的经济发展方式的根本转变。美籍奥地利经济学家熊彼特（J. A. Schumpeter）在他的《经济发展理论》（1912）一书中所述，创新就是把生产要素和生产条件的新组合引入生产体系，即建立一种新的生产函数。[①] 可见技术创新以及环境友好型技术创新都不仅是简单的技术概念，而是一个经济学范畴，创新活动受多种因素的制约和激励。将环境友好型技术创新纳入创新体系内部进行分析，发现企业环境友好型技术创新的动力机制既有来自于企业内部要素，还有来自企业外部要素，各动力要素之间形成的相互作用的总和。我们把来自于企业的外部要素称为环境友好型技术创新的外驱力，来自于企业内部的称为环境友好型技术创新的内驱力。

（1）环境友好型技术创新的内驱力

任何技术创新行为包括环境友好型技术创新在内的成果被企业采用，都将使企业利得以提高，符合企业利润最大化的根本目标，企业必然有内在动力推动技术创新活动，环境友好型技术创新只是在利润最大化的短期目标下附加了更长远的目标，即企业和社会的可持续发展，但从本质上讲，最终都将使企业的利润有所提高。通过环境友好型技术创新来满足企业和社会的双重需求，在市场竞争过程中凭借其生产效率高、生产成本低和良好的社会形象占据领导地位，并以此获得超额利润，这必然形成企业进行创新的内部驱动力。当然，有些驱动力是推动企业进行创新活动，有些驱动力是阻碍企业进行有效的创新，因此在内驱力方面，我们又把其分为正向和负向内驱

---

① 熊彼特. 经济发展理论［M］. 北京：商务印书馆，1990.

力。正向内驱力包括以下内容。①企业环境友好型技术创新所能带来的收益最大化的追求：企业在进行环境友好型技术创新之前要对创新收益进行评估，如果创新成功具有较高的预期收益，企业才有较大的创新动力，在国家设定了具体的环境规制政策下，创新的预期收益来自于两个方面，既有技术创新带来效率的提高而获得的超额利润，也包括环境友好型技术创新后带来的企业排放的降低，从而使环境外部成本内部化后企业承担的环境成本下降，企业利润得以提高。因此，环境友好型技术创新给企业带来的利润增加激发了企业的创新行为。②企业形象的塑造：环境友好型技术创新行活动实现的技术目标和环境目标使企业在公众中的形象大幅度提高，技术目标的实现使得消耗减少，节约了资源，使企业从粗放型增长转变为集约型经济增长模式，在产品特性方面看，企业又可以通过生产工艺的改进和生产流程的创新在市场中凸显产品优势，在排放方面，通过环境友好型技术创新使得污染减少，体现一个企业在追求个体利润最大化的同时重复考虑社会成本问题，树立企业的良好的社会形象。企业除了有促进环境友好型技术创新的正向内驱力以外，还有一些内部要素在一定程度上阻碍企业创新行为，而这些要素是企业可以通过内部能力的改变和外部政府的政策支持进行化解的。企业环境友好型技术创新的负向内驱力包括以下内容。①环境友好型技术创新的高成本：如果企业不选择环境友好型技术创新，就可以继续利用原有的生产技术、生产工艺和流程和机器设备进行生产，不涉及各种研发费用和更新费用，如果选择环境友好型技术创新行为，必然涉及大量研发费用和更新费用，对企业来说是一笔不小的支出，如果环境友好型创新的结果存在不确定性，那么初始投入的费用没有转化为创新结果，无论在生产效率还是环境保护方面都没有实现的话，既没有获得效率提高后的超额利润，也没有获得环境保护后的政府的激励，这些对企业进行环境友好型技术创新都形成一定的阻碍性。②路径依赖：企业用原有的生产方式进行生产，工人的熟练程度、员工间的合作效果、管理程序的应用以及机器设备的效能都可以达到最大化，而如果进行了环境友好型技术创新活动，在一定程度降低了企业污染治理成本或者提高了劳动生产率，但企业生产的转换成本过高，对企业的创新行为也形成一定的阻碍作用。

（2）环境友好型技术创新的外驱力

与环境友好型技术创新的内驱力相同，外驱力也按照对环境友好型技创新是促进还是阻碍分为正向外驱力和负向外驱力，正向外驱力包括以下内容。①需求拉动力：随着消费者对环境保护意识的不断提高，消费者更愿意选择那些技术进步、能耗水平较低、产品污染少并且不对外部环境造成破坏的产品，并愿意为这类产品支付高价格，诱导企业进行环境友好型的技术创新活动，通过新技术的采用，使从生产到排放，最后到消费的环节都能体现环保特征，以期在市场上更好地满足消费者的要求。②政府的控制和激励：政府根据经济可持续性发展的需要，通过制定技术标准、排放标准、排污税和可交易的许可权等环境规制政策的制定，引导和激励企业自主进行污染治理投资，对那些不进行技术改进、大量消耗资源和排污量较大的企业进行惩罚，甚至禁止企业进入该行业，这些对企业的环境友好型技术创新都有较大的外部驱动力。③科学推动力：科学不断发展进步，会对企业的技术创新形成外部的推动力，其中包括新的发明创造能给企业带来巨大利润、新的技术规范能够给企业未来的整体发展提供指向、新的材料在生产中应用等多个方面科学发展必然推动企业选择环境友好型技术创新行为。④竞争的激励力：根据马克思的相关理论可以得出，企业可以通过技术创新行为，降低生产的个别必要劳动时间，当个别必要劳动时间低于社会必要劳动时间时，企业获得超额利润，正是在超额利润的激励下，企业自愿地进行技术创新行为，当大多数企业都竞相选择技术创新之后，生产效率提高，整个社会必要劳动降低，企业无法再获得超额利润，于是开始谋求新的更高层次的技术创新，因此市场的竞争力也构成了企业环境友好型技术创新的外驱力的一部分。企业环境友好型技术创新的负向驱动力包括以下内容。①资源约束力：企业的技术创新行为不是自由选择的，创新后的企业生产活动中的实际资源投入要发生改变，客观上受到这些实际投入在瞬时可用数量的制约，可见资源约束是一种物质性约束。②文化约束力：各个国家都有自己的文化传统和信仰，会对企业或个人的行为进行约束，文化约束力作为人们的核心价值观直接影响着经济利益主体的行为取向，其中也包括企业的技术创新行为，对技术创新有一定的约束力。③产业发展约束力：通过扶持重点产业、调整产业结构进而带动经济可持续性增长的模式是我国现今的主要产业发展策略，根据不同的产业发展状况提出了不同的产业发展策略，不同类型的产业结构代表着不同效率的资源配置方式，培育和发展较高资源配置效率的产业结构对企业既定的创新取向也有一定的影响作用。

（3）环境友好型技术创新的驱动力模式

基于以上对环境友好型技术创新内驱力和外驱力的分析，赵细康（2003）年提出了一种新的环境友好型技术创新动力机制模式，称为内外部综合驱动力模式，如图 6 - 1 所示。①

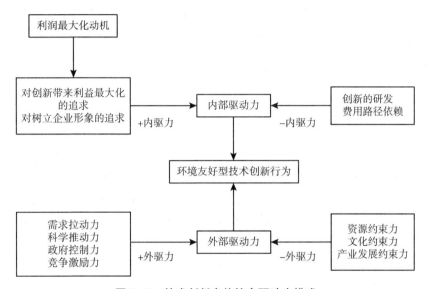

图 6 - 1　技术创新内外综合驱动力模式

通过上文分析和模型显示，促进企业选择环境友好型技术创新行为的动力主要来自于两方面的推动力，即内部驱动力和外部驱动力，最终促使企业的行为选择要看正向驱动力与负向驱动力的大小比较，如果正向驱动力的力量大于负向驱动力的力量，则对技术创新有促进作用；反之，则有抑制作用。环境规制作为政府规制的一种重要形式，目的是克服环境污染所具有的外部不经济性的特征，政府通过制定相应的环境保护的政策，对企业经济行为进行影响，以达到环境保护和经济稳定发展相协调的目标。

---

① 赵细康．环境保护与产业国际竞争力理论与实证分析［M］．北京：中国社会科学出版社，2003：101.

6.2.4 环境友好型技术创新的流程

环境友好型技术创新的激励作用主要来自于企业内部和外部的驱动力，这两类驱动力共同对企业创新行为形成激励效果，并分别通过"技术推动"和"需求拉动"对环境友好型技术创新形成引导作用。所谓"技术推动"，是指企业根据自身利益最大化的内在驱动力，在外部驱动力即政府对企业的环境技术创新投入实施补贴或免税激励和环境科学技术进步达到一定程度激励下，企业形成具体的环境友好型技术创新过程，这一过程始于研究与开发，经过生产和销售将新技术产品引入市场，市场是研究与开发成果的被动接受者；而"需求拉动"强调市场是研究与开发的新思想的来源，作为市场需求主体的消费者、政府的需求的改变是引发环境技术创新的根本原因，当消费者的环保意识逐渐增强，当政府不断通过宣传改变人们认识以及政府通过对采用低碳技术生产的产品进行补贴，都将企业环境友好型技术创新发展的动力。当然，在创新活动具体实施过程中，"技术推动"和"需求拉动"并不是独立的发挥作用的，技术与市场之两大创新激励要素的有机结合，技术和市场交互作用共同引发了环境友好型技术创新，技术推动和需求拉动则在产品生命周期及创新过程的不同阶段有着不同的作用。从"需求拉动"和"技术推动"两方面促进环境友好型技术变化，从而能够以更低的成本实现减少污染排放的目标。环境友好型技术创新的要素存在紧密联系和相互作用，如图 6 - 2 所示。

图 6 - 2 的环境友好型技术创新流程图中将具体创新的流程划分为政府、创新链、供应方与需求方，企业在完成环境友好型技术创新过程中，会受到政府环境规制政策和供应方、需求方的多方面影响，这些影响因素在创新链的不同环节发挥不同作用，体现了技术推动和市场拉动的激励效果，这种划分是对各种参与主体的有效描述。环境技术是面向环境问题解决的技术，新构思主要来源于市场的需求，不同的环境问题需要采用不同的环境技术产品、工艺或设备来解决，从而激发寻求适宜的技术方案的研究与开发活动。同时，环境技术作为一种新型的技术门类，需要进行技术原理、工艺配方的探索性研究与开发。有些环境技术，如清洁能源技术，虽然市场需求极大，但由于关键技术在一定时期内难以突破，创新的难度仍较大。因此，环境友好型技术创新受到技术推动和市场拉动的混合作用。技术推动往往会引发根

本性的环境技术创新，而市场需求虽会引发大量的环境友好型技术创新，但这些创新大都属于渐进性创新。

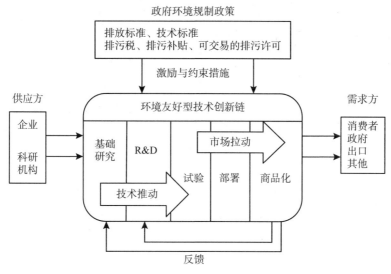

图 6-2　环境友好型技术创新流程

6.3　环境规制对环境友好型技术创新的影响机制

6.3.1　环境规制对环境友好型技术创新的影响机制——直接影响

环境规制对技术创新的直接影响是指政府的环境规制政策之间作用于企业本身，导致企业的自身行为发生改变，在这里企业行为的改变主要是进行了可以降低环境污染、促进企业生产效率的技术创新行为，具体影响流程见图 6-3。

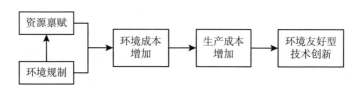

图 6-3　环境规制对技术创新的直接影响

（1）环境规制对企业生产成本的影响

由于环境本身的公用品特征，环境的使用成本问题一直被忽略，排污者和环境资源消耗者很少甚至没有支付环境费用，而这些成本则由社会、其他企业和个人承担，导致环境资源破坏严重，影响经济发展的可持续性。为了能使环境资源能够有效配置，因此政府采取了相应的环境规制政策，目的就是环境成本外部性转为内在化，使企业在使用环境资源和排放污染物时需根据相应标准支付费用，使环境资源具有商品特征，企业则从原来无须支付费用的任意浪费和破坏行为转变为根据价格机制决定生产方式。在政府不同环境规制政策的约束和激励下，企业在使用环境资源时必然会导致资源使用成本和污染治理成本等生产成本的增加，也会存在某些政策下由于污染治理效果较好、企业的环境友好型技术创新有较为明显的外溢性等而获得补贴，当然这样的收益我们也可以视为一种负成本，也列入环境规制对企业的成本的影响范畴之内。因此，在政府的环境规制政策下，必然带来企业的生产成本增加，本书把该成本分为两类，一是根据政策要求进行了环境治理，则形成了环境服从成本，二是违法环境规制政策，则形成了环境违规成本，当然也存在企业虽然进行了环境治理活动，但是排污效果没有达到法规要求，则企业的环境成本中既包含了环境治理成本，也包含了违规成本。

①企业的环境服从成本。在政府的环境规制政策的实施下，企业因履行环境保护责任，为降低生产产品过程对环境造成的负荷，或执行环保政策而在一定时期内，企业采取一系列环境方法所发生的旨在提高环保效果和避免惩罚的各种耗费。在各种环境保护标准①约束下，企业从资源开采、原材料的选择、具体生产过程、产品运输、产品使用和回收等全部流程都需按照环境规制的政策要求解决污染和环境破坏问题，这些费用共同的构成了环境规制的服从成本。环境规制的服从成本包括以下内容。

第一，事前环境成本。事前环境成本是企业根据环境政策相关规定而进行的事前控制行为，这种主动性环境治理成本称之为事前环境成本，成本包括：企业在生产之前进行的环境友好型技术创新形成的研发成本，包括了环保产品设计、生产流程改进、生产工艺的提升、使用原材料的升级和生产形成污染物的回收再利用技术研发等；对现有机器设备进行的更新以降低能耗

---

① 包括环境质量标准、污染物排放标准、环保基础标准、环保方法标准和环保样品标准等等。

形成的成本；对员工的环保意识和技能进行培训成本；购买环境监测仪器、末端污染处理设备等形成的成本。这些都是企业在生产之前，为了对企业的环境污染进行控制和降低所形成的成本。有效的事前成本控制使企业在环境治理过程中占据主动性，能够较好的控制环境成本。

第二，事中环境成本。事中环境成本是指企业在生产具体过程中形成的环境成本，是企业在生产过程中用于直接降低污染物的成本，包括：生产过程的污染物排放的处理、对环境污染大的原材料替代的成本增加、节能减排的运行成本等。

第三，事后环境成本。事后环境成本是指生产过程对环境造成破坏后的恢复性工作所形成的成本，是一种被动性的后期环保行为，包括：因生产活动对环境造成的土壤污染、资源破坏等进行恢复工作引起的成本支出，以及企业对生产后形成排放物的净化的去污染性过程的成本支出。

环境规制的服从成本整体上看仍是一种主动性的规避措施，是为了符合环境规制要求而进行污染治理行为，是政府制定环境规制政策的目的所在。

②环境规制的违规成本。企业在面对政府的环境规制政策时，可能存在自身暂时没有能力进行环境友好型技术创新来降低环境污染，或者由于政策不完善使得考虑产品生产和运行过程中所发生的企业环境治理成本高于接受罚款成本，因此选择接受排污费、罚款、赔偿金等被动性支出，我们称之为环境规制的违规成本。环境违规成本的高低跟政府的环境规制工具选择有密切关系，具体类别本书会在环境规制工具选择的章节中进行表述。总体来说，在完备的政府环境规制政策下，作为以追求利润最大化为根本目标的企业只会选择形成服从成本而不会出现违规成本，原因在于，当企业生产活动造成的对土壤污染、水资源或空气资源遭到破坏、能源无尽开采使地质条件恶劣、水土流失、森林破坏等等，政府相关部门将对其进行环境税的征收、罚款、禁止企业进入该行业等手段对企业进行惩罚，完善的规制政策将使企业的服从成本远低于违规成本，企业根据自身利润最大化的追求自愿完成环境治理而形成服从成本。但现实情况则是由于环境法律制度不健全，覆盖范围有限，环境执法成本过好，政府部门疏于监管，以及发现违法行为惩罚力度太小，使得违法成本过低，这些原因都进一步导致企业仍然大规模的进行环境污染，仅承担较低的环境规制违规成本。未来随着国家的环境规制制度不断完善，如果某些企业没有能力进行事先污染预防和环境友好型技术创新能力，事中无法控制生产对环境的污染破坏，事后又缺乏补救和恢复，那么

这样的企业将最终被市场所淘汰。

（2）环境成本变化对环境友好型技术创新的影响

环境问题由于存在市场失灵，因此政府积极的进行环境规制政策制定，根本目的是使环境成本内部化，最终解决环境外部性问题和公用品问题。在成本内部化的过程中，使生产企业形成两方面的成本，分别为环境规则的服从成本和违规成本。在环境规制政策下，企业无论是形成服从成本还是违规成本，都将使生产成本增加，在技术水平、市场价格和供需条件等因素不发生变化的情况下，必然使企业的劳动生产率下降，最终利润降低，影响企业的市场竞争力。当环境要素没有涵盖在生产函数的投入要素内时，投入的生产要素主要由四方面组成：资本（K）、劳动力（L）、土地（N）和企业家才能（E），在不考虑环境因素作为投入要素时，生产函数可以表示为 $Q = f(L, K, N, E)$，在生产效率、供需状况不变的情况下，函数关系不发生变化，始终由 $f(x)$ 表示，变化的只是投入要素量发生改变，从而带来产出量 Q 的变化。当污染越来越严重，社会对环境越来越重视之后，政府制定了相应的环境规制政策，要求企业减少环境污染，进行污染治理，必然促使企业将环境要素作为重要的生产要素纳入生产函数之中，从而引起企业的生产函数发生改变，由于环境成本包括服从成本和违规成本两种情况，因此，对生产函数的影响也将出现两种表现内容。

①环境规制服从成本下的生产函数及对环境友好型技术创新的激励。在政府的环境规制政策下，企业为了符合政府的相应降低污染的排放标准，避免罚款，企业增加了环境治理投资，这些投资主要用于环保设备的更新，环境监测设备的购买，废水、废弃物和固体废物环境处理设备以及对涉及环境问题生产流程、生产工艺的改进的研发费用，但我们假定此时的技术改进不涉及生产效率的提高，仅仅是使污染降低的技术改进，这部分成本都属于服从成本，会使企业的生产成本提高。假定企业在资本不受限制的情况下，当把环境要素考虑在内，生产效率没有发生改变，技术水平只涉及降低环境污染而不涉及生产效率的改变，此时的生产函数如下公式：

$$Q = f(K + e, L, N, E, e) \tag{6.1}$$

公式中 e 代表为了达到国家的污染排放标准而进行的环境治理投资额，在企业选择承担服从成本时，e 也成为生产函数的一项投入要素。当环境治理投资增加时，由于生产效率没有改变，若想达到原有的产量则总投资必然增加,其中 K 的部分用于生产性投资, e 的部分用于环境保护性投资,总投资为 $K+e$ 。由于假定不存在促进生产效率改变的技术创新,因此生产函数 $f(x)$ 没有改变,投入能够影响产值的要素 K , L , N , E 也没有改变,因此产值不变。如公式 6.1 所示,但考虑环境保护问题时,投入资本增加,而产量并没有增加,说明企业利润率下降,市场竞争力减弱。

如果企业拥有资源是有限的,特别是可投入的资本有限,当增加了对于环境保护投资后,那么用于生产性投资将减少到 $K-e$,尽管总投资没有改变,但其中 e 部分用于环境保护,由于没有提高劳动生产率,所以生产函数关系没有改变,但是由于部分投资用于环境保护,挤压了用于生产的部分投资,导致产量从 Q 下降至 Q_- ,利润率下降,如公式 6.2 所示:

$$Q_- = f[(K-e)+e, L, N, E, e] \qquad (6.2)$$

由于企业在进行环境保护性投资过程中使企业利润率下降,市场竞争力减弱,作为一个长远发展的企业,必然追求利润的不断增长,那么当在生产投入要素方面无法进行改进的情况下,解决利润率下降的唯一方法就是进行提高劳动生产率的技术创新。在前面,我们假定当企业按照政府环保政策进行技术革新、工艺改进时不涉及提高生产效率的技术创新活动,不可避免的结果是企业的用于环境治理的投资对生产性投资形成挤压,导致利润率下降,这必将激励企业进行提高劳动生产率的技术创新行为,在投入要素无法改变时,即无法通过增加投入生产要素数量而获得利润提高时,粗放型经济增长方式失效,企业必然向通过提高生产效率的技术创新改变,从而改变生产函数,形成新的经济发展模式,如公式 6.3、公式 6.4 所示:

$$Q_1 = \varphi(K+e, L, N, E, e) \qquad (6.3)$$

$$Q = \varphi[(K-e)+e, L, N, E, e] \qquad (6.4)$$

当技术创新既涉及促进环境保护,同时实现提高生产效率时,我们把这样的创新行为称为环境友好型技术创新。当企业追求可持续的经济发展目标时,环境友好型技术创新是其必然选择,如公式 6.3 和公式 6.4 所示,通过环境保护性投资进行技术研发,提高生产环节和产品使用等多方面的环境保护,技术创新在实现环境保护目标时,也实现提高劳动生产率的目标,使生产函数从 $f(x)$ 变为 $\varphi(x)$ 。当生产效率得以提高,其他生产投入要素不变时,生产性投资 K 不变,新增加的投资 e 用于环境保护,但由于生产性技术创新使生产效率得以提高,因此原来的产量 Q 提高到 Q_1 ;当企业资源有限,投资无法增加时,那么用于生产性投资则减为 $K-1$,但由于生产性的技术创新提高了劳动生产率,生产函数从 $f(x)$ 变为 $\varphi(x)$,产量没有下降,仍然为 Q,当然也存在企业的环境技术创新结果能够大幅度提高生产效率,产能的提高幅度不仅弥补了环境保护对产量抑制作用,甚至还能够促进产量增加,利润提高。因此,环境友好型技术创新真正地解决了企业环境保护成本和企业利润率之间的矛盾问题。

②环境规制违约成本下的生产函数及对环境友好型技术创新的激励。如果企业选择不进行环境治理投资,继续运用原有的生产方式进行生产,生产效率不变,产量不变,但在政府设定了环境规制政策下,会因为没有达到相应的排放标准、技术标准等承担罚款,也会在税收、排污许可等方面使成本上升,这时企业会付出相应的违规成本。当企业选择承担违规成本时,生产函数如式 6.5 所示:

$$Q_- = f(K-e,\ L,\ N,\ E) \tag{6.5}$$

e 为政府对该企业没有达到环保要求而进行罚款、税收等的额外支出,假定企业资源有限的情况下,违规成本的支出增加必然使企业的生产性投资减少到 $K-e$,但由于生产效率并没有提高,则在生产性投资减少时产量下降,利润降低。即使企业有足够的资本支付罚款、税收成本等支出,不需要挤压生产性投资,那么,企业的生产函数则从函数关系和投入要素方面没有任何改变,产量仍为 Q。但是虽然违规成本 e 没有出现在生产函数中,但违规成本的支出必然导致企业利润的降低,企业的竞争力下降。随着政府不断地进行环境规制政策的完善和改进,未来将对环境违法企业的惩罚力度越来越大,随着违规成本的不断提升,将对企业的利润和未来的发展前景有极大的影响,因此,企业必然通过环境友好型技术创新行为进行生产效率的改变,在要素投入不变的情况下避免产量下降,并根据政府环境规制政策进行环境保护性创新活动,最终实现环境友好型技术创新不断的发展。

从静态和短期的角度来看,无论是哪种环境规制成本的存在,只要企业没有进行技术创新改变函数关系,额外增加的成本无疑会影响企业的利润。如果企业将这些环境内部化的成本通过价格传递给消费者,还可能要承担由此造成的市场需求减少、竞争力下降的损失。但是,从动态和长期的角度来看,如果企业应对得当,环境成本内部化不一定导致企业利润减少、竞争力下降,相反还可能成为促进企业技术创新从而提高企业竞争力的压力和动力。内部化的环境成本一方面会加大企业的负担;另一方面也会激励企业通过提高原材料和能源使用效率的方法消化环境内部化成本。在当下社会认识下，社会环境保护意识不断增强，各国政府对环境管制不断加强是大势所趋。环境成本越来越成为企业经营者需要面对的不确定性因素之一，而企业积极地防治污染有利于减少这种不确定性，环境友好型技术创新正是企业进行防治污染的必然选择。

6.3.2 环境规制对环境友好型技术创新的影响机制——间接影响

在实际中，不仅存在环境规制直接作用于环境友好型技术创新上的现象，还存在环境规制通过环境标准设置行业进入壁垒，从而对产业结构产生影响，并借助产业结构与环境友好型技术创新的关系，间接的对创新行为产生作用。研究环境规制对环境友好型技术创新的间接影响，相当于政府政策首先作用于市场结构，然后由市场结构再作用于企业行为，见图6-4。

图6-4 环境规制对技术创新的间接影响

环境规制通过对产业结构的影响进而影响企业的环境友好型技术创新行为，产业结构是在某一特定市场条件下产业中经营的企业面临的环境，主要表现形式是市场集中度。

(1) 环境规制对市场集中度的影响

随着环境规制政策的不断完善，特别是行政手段的环境标准、技术标准和行政处罚力度不断提高，将使已在行业内部但无法达标的企业停产、转行等，对尚未进入而准备进入该行业的企业造成进入壁垒提高，使企业无法进入行业或投入更多的成本才能进入该行业。已在行业内部旧企业和准备新进入的企业，在面对环境规制政策形成的进入壁垒时，所承担的成本是不相同的，斯蒂格勒（Stigler）认为，"进入壁垒是新企业比旧企业多承担的成本，各国政府的经济性管制是形成不同产业进入壁垒的主要原因。[①]" 贝恩在他

---

① 施蒂格勒. 产业组织 [M]. 上海：上海三联书店，上海人民出版社，2006：112.

的《对新竞争者的壁垒》一书中指出，"进入壁垒是和潜在的进入者相比，市场中现有企业所享有的优势。这些优势是通过现有企业可以持久地维持高于竞争水平的价格而没有导致新企业的进入反映出来的。"① 由环境保护而形成的进入壁垒会有效的阻止在环保指标方面无法达标的企业进入，新企业必须完全符合要求才能够进入该行业生产；对于旧企业来说，在政策的规定期限内，通过设备更新、技术改进、提高劳动者环保意识等多方面手段达到要求，但如果仍然没有能力达到要求的，则转行或停产。虽然表面上看新企业和旧企业承担的成本相同，但由于旧企业已在行业内部，在环境规制政策下，有效地阻止了外部新企业大量进入，使旧企业避免了激烈的市场竞争，在垄断性的特征下，企业可以获得更多超额利润，较高的利润可以有效地弥补旧企业为达到环保要求而进行的技术创新、设备购买以及各种环境税费所形成的成本，使企业可以在获得不低于以往的利润下不断进行环境治理投资，而新企业的环境投资则皆来自于自有资金的不断投入，因此行业内部的旧企业要承担比新企业低的成本。

　　环境规制所形成的进入壁垒是一把"双刃剑"，一方面在环境污染日趋严重，资源短缺越发明显的现在，有效的环境规制手段可以阻止生产效率低下、环境破坏严重的企业进入该生产领域，在一定程度上避免了重复投资、重复建设所造成的环境破坏，但是这样的资源配置方式并不是最有效的手段，因为环境规制的行政手段形成的进入壁垒造成了价格扭曲，导致竞争下降，人民福利损失。另一方面在没有环境规制政策下的市场经济运行过程中，虽然无进入壁垒的竞争过程能够使人民福利最大化，但这样的方式往往是建立在破坏环境资源的基础之上的，这种配置效率以及人们福利水平的提高是一种短期结果，从长期来看，只有有效的环境规制手段才能保证资源的合理利用，实现经济的可持续发展。对于一个行业来说，不仅有进入壁垒，同时还存在退出壁垒。在市场经济条件下，一个企业选择退出某行业的行为是市场机制所导致的结果，是资源重新配置的过程。企业退出存在两种可能性，一是资本转投到能够带来更高利润率的行业，二是在该行业内部，企业由于生产水平有限、行业新的规制等因素导致企业无利润可图，只能选择停止生产或被迫转型，第一种可能性和我们所探讨的环境规制无关，主要是两个行业的利润率的比较后企业做出的选择，而环境规制所带来的影响主要产

① Bain. J. Industrial Organization ［M］. New York: John Wiley & Sons, 1968: 252.

生了第二种情况，即随着环境规制制度不断完善，那些无法达到排放要求的企业将面临停产、巨额罚款、竞争性企业获得额外环境补贴等情况，最终使环境治理水平较低的企业利润率下降，甚至无法生存，退出该行业。完善的环境规制制度将使那些没有进行设备改造降低排放水平的企业淘汰出局，事实上这些企业的沉没成本也比较低，同时政府会鼓励那些无法达到环境标准的企业退出，因此在政策上会给予一定支持，包括信息、政府的相关政策、转型行业的进入优惠政策等方面，以鼓励哪些污染严重的譬如小钢铁厂、小煤窑和一些有色金属类企业等类似的企业进行转型，从而达到保护环境的目的。

进入壁垒和退出壁垒的高低会直接影响到一个行业内部企业的企业数量，从而决定行业内企业的规模。进入壁垒对社会福利的作用存在两面性，而退出壁垒的作用则是单向性的。进入壁垒较高一方面会导致行业存在垄断性，产生垄断性行业的某些弊端；另一方面又可以提高市场集中度，促进企业规模的提高，推动企业技术创新行为。从环境保护角度考虑，适度地进入壁垒有利于把那些无法达到环保要求和技术水平的企业拒之门外，同时保证行业内部企业规模不会太小，通过有效的环境激励手段，促进这些本身具有环境治理投资能力的企业不断进行环境保护工作。退出壁垒如果过高，则无法发挥市场机制的根本作用，那些长期处于低利润或亏损状态的企业只能被迫进行生产，更无从考虑环境治理问题。因此，从环境保护角度考虑，较低的退出壁垒可以更好地促使那些缺乏环境保护意识、无法达到环保要求或进行环境保护工作成本过高的企业自主选择退出该行业，同时使过剩的生产要素撤离，实现环境资源的优化配置，实现保护环境的根本目标。

在产业组织理论中，根据进入壁垒和退出壁垒的高低，将市场分为四种情形，如表 6-3 所示。

表 6-3　　　　　　　　　企业进入、退出壁垒的不同组合

	高退出壁垒	低退出壁垒
高进入壁垒	难进难出，高且风险大的收益	难进难出，高且稳定的收益
低进入壁垒	易进难出，低却风险大的收益	易进易出，低但稳定的收益

根据表 6-3 我们可以看出，现在以及未来追求的环境规制手段是要实现高进入壁垒和低退出壁垒的组合，通过有效环境政策以及相关的法律、法

规的配合，最终实现必须达到相应的环境标准才能够进入该行业。对于那些环境保护无法完成的企业，应不断降低退出门槛，促使其资本变现转而投入那些它有能力实现利润最大化并达到相应的环保要求的部门去，最终使得行业内部的企业能够在实现国家环境政策的同时，不断扩大企业规模，获得高且稳定的收益，而这些也为其进行环境友好型技术创新提供了动力和可能性。

较高的进入壁垒和较低的退出壁垒必然导致行业的市场集中度比较高，因为完善的环境规制政策可以提高进入壁垒而降低甚至取消退出壁垒。如果说市场集中度主要反映行业内部已存企业的竞争关系的话，那么进入壁垒主要反映已存企业和现在进入者的竞争关系，也就是说进入壁垒的作用主要表现为限制行业企业数量的增加，我们已经知道行业内的企业数目直接影响到行业集中度和企业规模的差异，所以，从理论上二者存在着这样一种正相关关系：行业进入壁垒越高，行业的市场集中度也就越高。①

（2）较高的市场集中度有利于环境友好型技术创新

关于市场结构与环境友好型技术创新之间的关系，是西方经济学家花费精力最多的研究领域之一，目前尚存在较大的争论，争论的焦点是市场集中度是否有利于促进技术创新。一种观点认为，由于研究开发活动具有规模经济性，需要较大的资金支持，而且高集中能够实现创新带来的超额利润，因此，市场集中将有利于技术创新活动。这种观点最主要代表人物是熊彼特。他最早认为，创新是一种不确定的活动，除非有足够实力承担创新风险，否则，创新是无吸引力的，而大企业家偏好为企业家提供了这种风险担保。故垄断是创新的先决条件，而且正是对垄断利润的期望，给创新提供了激励，因此，竞争必然走向垄断，大企业最适合创新。后来，曼斯菲尔德、纳尔逊和马卡姆等人的研究工作较有影响，曼斯菲尔德通过对一些产业的分析，发现技术创新与垄断的关系，因产业的不同而不同。其他一些实证研究指出，市场集中度高有利于创新。另一种观点认为，由于高集中产业缺乏竞争的威胁，技术创新动力不足，因此，竞争对创新的推动优于垄断。代表人物有阿洛、谢勒尔、卡米恩和施瓦茨等，阿罗比较了纯粹垄断的竞争对创新的影响，得出结论说：完全竞争比垄断的市场结构更有利于创新。谢勒尔、卡米

---

① Bain. J. Industrial Organization ［M］. New York：John Wiley&Sons, 1968：7.

恩和施瓦茨通过对竞争情况下创新资源配置的分析，得出结论说：竞争一般会加快创新的步伐，尤其是一个新市场刚刚打开时，竞争对创新的推动优于垄断。还有一种观点认为，创新活动在一个市场结构介于完全竞争市场和完全垄断市场的企业中最集中。过多的竞争反而会挫伤创新的积极性，因为创新者并不能从创新中获得足够的报酬；而过于垄断则会导致自满自足和减少创新活动。

　　①进出壁垒对环境友好型技术创新的影响。进入壁垒的概念首先是由贝恩所提出，是指一个产业中原有企业相对于潜在进入企业的优势。这些优势体现在原有企业可以持续地使价格高于竞争水平之上而又不会吸引新的企业加入该产业。[①] 芝加哥学派的代表人物斯蒂格勒从成本的角度进行了进一步的阐述，"指出进入壁垒可定义为必须由一个寻求进入某产业的企业而不是由已经在该产业内的企业承担的（在一些或每个产量水平上的）生产成本。"[②] 这就将进入壁垒限定在影响潜在进入企业的需求和供给条件上，从而对企业规模产生影响。在完全竞争市场结构下，企业进入或退出某一行业是完全无障碍的，不需付出任何代价，致使相互竞争的小企业充斥市场，同时缺乏保障技术创新收益的垄断，不会产生大的创新动力和行为。在垄断竞争结构中，产品差异化所形成的进入壁垒，由于障碍较小，大量的竞争者仍可以自由地进出，使价格降低到成本，创新企业无法保证自身的创新会带来利润，即企业自身的创新成果可能被竞争对手所利用，预期利润降低，自然技术创新的动力很小。在完全垄断的市场结构中，则是因为进退障碍太高，虽然技术创新的持久性强，但由于缺乏竞争压力，无创新动力，垄断企业不思创新，而其他企业又难以进入，所以也不利于技术创新。在寡头市场结构中，企业的进入和退出存在一定的障碍，但又不是像完全垄断那样高的垄断。一定的障碍存在，阻止了小企业盲目进入市场，避免生产分散化、小型化和趋同化，可形成一定的规模经济性，又保证了技术创新企业在一定时期内获得创新利润，使企业有强烈的创新动机。而不很高的障碍，则有利于企业间的竞争，加大竞争压力，使得企业不得不加速环境友好型技术创新。由以上分析可知，进入和退出障碍与技术创新有一定关系，障碍过高或过低都不利于技术创新的进行，而处于中间程度的障碍对环境友好型技术创新是有

---

① Bain J. S.. Barriers to New Competition [J]. Cambridge, MA: Harvard University Press, 1956.

② 施蒂格勒. 产业组织和政府管制 [M]. 上海：上海人民出版社，1996.

一定促进作用的。[①] 从现实中我们可以观察到，企业进入某些产业并不总是获得成功，原因就在于进入这些行业的技术要求构成了一种技术壁垒。特别是某些高新技术企业，技术创新行为可能作为一种进入壁垒存在。菲利普斯在其研究中发现在位企业的技术创新行为，对新企业而言是一种进入壁垒，产品价格越低，科学和技术发展所提供的机会利用越广泛，新企业越不可能进入，同时在位企业为保持其在产业中的优势地位会进行必要的 R&D 活动或投资，这样就会形成进入壁垒，因为这增加了对进入的资本要求。[②] 因而企业必须有一个维持有利的市场地位所需最低程度上环境友好型技术创新能力，会形成一个进入的最小规模，如果新的或潜在进入者不能克服这个最小规模，那么他们就会被挡在市场之外。

②市场集中度对环境友好型技术创新的影响。市场集中度代表着具体市场的竞争或垄断程度。就市场垄断度而言完全竞争、垄断竞争、寡头垄断和完全垄断四种市场结构的市场支配力从低到强依次排序。根据阿罗模型的分析可得，"在垄断的初始条件下企业创新前就能获得经济利润，因而创新导致的利润增量并非创新后利润的全部；而在竞争的初始条件下，企业的经济利润为零，因而源于创新的盈利都是创新利润。[③]" 如图 6-5 所示，设技术创新活动是在企业内部完成，产业需求曲线为 DD，采纳创新前的平均成本曲线为常量 CC。如果市场结构为垄断的，那么垄断企业将会采用边际收益等于边际成本时的价格（即 CC 和 MR 的交点），此时垄断价格为 P_1，垄断产量为 Q_1，企业所获得的经济利润为 A 区域：$(P_1 - C)Q_1$。如果市场结构为竞争的，价格等于成本，企业所获得的经济利润为 0。如果某企业经行技术创新，技术创新的作用是降低成本，是成本 CC 降为 $C'C'$，此时垄断者所获得的经济利润为 B 区域：$(P_2 - C')Q_2$。因此企业进行技术创新激励为 $B - A$。但对于竞争性的市场结构来说，如果企业能最大限度地利用其对信息的垄断，他就可以通过技术创新而获得利润增量为 B，大于在垄断的市场结构下的 $B - A$，因此，可以得出，市场结构对技术创新的动力作用而言，垄断条件下相对弱一些，尤其是完全垄断时，一个企业即代表一个行业，它

① 李志强，冀利俊. 市场结构与技术创新 [J]. 中国软科学，2001：10.

② Phillips，Paterts. Potential Competition and Technical Progress [J]. American Economic Review，1996，56 (2).

③ Arrow，K. J.. "Economic Welfare and the Allocation on Resources for Invention"，in Nelson，R. R. (ed.)，The Rate and Direction of Inventive Activity [J]. NBER，Princeton，1962.

已占有市场获得市场垄断的超额利润，所以创新利润对它的激励作用极小[1]。所以市场集中度与环境友好型技术创新存在负相关关系。

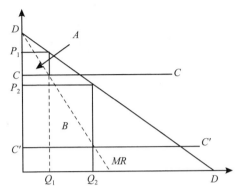

图 6 - 5　竞争和垄断市场下的环境友好型技术创新激励

6.4　不同环境规制工具选择对环境友好型技术创新的作用

　　环境规制通过不同的政策工具的特点和功能不同对环境友好型技术创新产生影响，但是影响程度依赖于规制政策的设计和执行，不同规制工具对环境友好型技术创新的激励程度存在差异。前文已提到，环境规制政策工具通常可分为两大类：一类是命令和控制型规制工具，最常用的是强制性的排放标准和技术标准；另一类是市场为基础的规制工具，主要包括排污税、补贴与可交易的污染许可证制度。不同的环境规制工具对环境友好型技术创新产生的影响也不尽相同，如何把有效的环境政策和环境友好型技术创新的激励政策的有机结合起来，是解决环境保护和经济发展之间矛盾性的根本所在，通过环境友好型技术创新的激励政策，把两种市场失灵——环境污染的负外部性和技术创新的正溢出效应有机结合起来，才能够实现在快速经济增长下环境保护目标的实现，具体政策选择过程如图 6 - 6 所示。

---

　　① 泰勒尔．产业组织理论［M］．北京：中国人民大学出版社，1999.

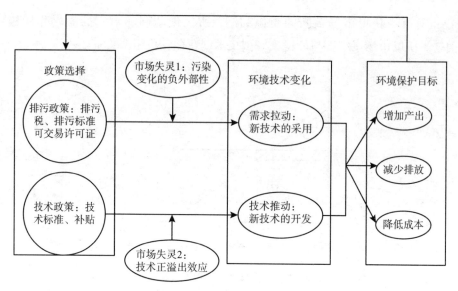

图6-6 环境友好型技术创新促进的政策框架

6.4.1 不同环境规制工具对环境友好型技术创新的不同影响

根据前文的分析，我们可以发现不同的环境规制工具具有不同特点，形成对环境友好型技术创新的不同激励作用。根据最终要实现的环境保护目标，针对排污方面的控制制定相应的排污税、排污标准和可交易的排污许可权制度，解决环境污染的市场失灵问题，从需求角度形成对企业进行环境友好型技术创新的激励；针对技术水平方面制定技术标准和环境补贴两个方面的政策，解决技术创新的外溢性的市场失灵问题，使企业在进行环境友好型技术创新过程中外溢性（带给其他企业和社会带来的收益）转变为企业内部收益，形成对环境友好型技术创新行为的拉动效应，最终通过环境友好型技术创新正的外部性弥补环境污染负的外部性，实现环境保护和经济快速发展协调性。

（1）命令—控制型规制工具对环境友好型技术创新的影响

命令—规制型规制工具是对所有企业制定统一的排污标准和技术标准，如果排污量没有达到相应要求，生产时没有使用政策要求的技术和设备，将会受到惩罚或禁止进入该行业，这样的政策在20世纪对世界各国普遍采用，即使在中国现在，命令—控制型环境规制工具仍占主体地位。从直接影响角度看，命令—控制型规制手段看似对环境友好型技术创新有极大的推动作用，因为政府部门规定了排污的最高额度，企业要想降低污染水平必然按照国家技术标准的要求或自身能力选择生产设备和生产方式，从而使自己的排放达到排污标准的要求，这在一定程度上促进了企业对于新的环境技术和新的生产设备的研发和使用，使企业减少罚款或达到进入到某个行业标准，因此说命令—控制型规制工具对创新有一定的激励作用。但是，通过研究我们也发现，这样的规制工具对创新的拉动作用更多地对那些本身环境技术水平不高的企业发挥着巨大的作用，而对那些生产能力较强、污染控制较好的企业却产生不了任何激励效果，因为这些企业排污数额已经低于最高限度，而命令—控制型环境规制工具只规定了超过了最高限额的惩罚机制和准入机制，而对于低于最高限额的企业，或者环保技术已经完全达标的企业没有任何奖励手段，因此污染控制能力强的企业没有任何动力去研发使用新的环境技术以使自己的排污数量进一步降低。由于政府的技术标准不是去考虑那些技术水平最高的企业，而是根据整个行业的环境技术水平，更多的是考虑那些技术水平较低的企业是否有能力进行环境技术的改进而设定了相应标准，而这些标准甚至远低于部分高环境技术的企业的现有水平。由于这些企业已经达到标准，而更好的完成效果也无法得到额外奖励，企业本着不再增加成本投入的目的，即使有能力也不会去进行环境友好型技术的研发。因此，从环境规制工具对环境友好型技术创新直接影响的角度看，它对创新行为有一定的激励作用，特别是对那些污染水平高、技术水平低、主要采用粗放型生产模式的企业的环境技术创新有巨大的激励作用，但对那些本身控制污染能力强、技术先进的集约型的生产企业，由于已经完全符合标准要求，它们的创新动力则较弱，甚至对这些企业的环境友好型技术创新行为还有一定阻碍作用。

（2）市场激励型规制工具对环境友好型技术创新的影响

而市场激励型的环境规制工具则是通过排污税、排污补贴和可交易的排污许可对企业环境友好型技术创新产生效果，这些工具具备较强的市场机制特征，能够使企业在不断的技术开发和污染排放减少的过程中获得成本下降，甚至通过环境保护投资而获得的额外收益，这将对企业的创新行为有极大的推动力，未来也将会取代规制成本较高、缺少针对性和对不同企业无法进行有效区别的命令—控制型环境规制工具。

　　市场激励型环境规制工具中的排污税制度是通过对企业和消费者制定合理的税率标准形成对创新的激励作用的。标准制定的出发点是要使企业生产所形成的环境的外部成本进行内部化，因此其标准制定应依据于企业的污染所形成的外部成本与内部成本之差，最终使企业为其环境污染承担全部成本。企业都是以利润最大化为根本经营目标，在此目标下，企业需考虑是选择继续污染还是选择进行环境保护利润更高的问题，在合理的排污税率、税基和排污税体系下，应使企业进行环境治理的成本低于企业继续进行污染排放的成本，企业将根据价格机制必然选择进行环境治理。因此，在排污税税率制定准确合理的情况下，企业有较大的进行环境友好型技术创新的动力，这种动力源自创新后能够带来比企业继续使用原有的生产技术更多的利润，但排污税能否有效激励环境友好型技术创新的难点在于税率标准的制定，因为不同的行业的环境污染的社会成本和私人成本不同，考核企业来也有比较大的难度，因此排污税最优税率的制定除了成本计算以外，更多的还是通过不断尝试过程来完成的。

　　可转让的排污许可证制度是在排污税和排污补贴政策后不断发展起来的，目的在于通过价格机制降低命令—控制型规制工具中形成的巨额交易成本，改变排污税和排污补贴税率和补贴标准制定困难的问题。可交易的排污许可证制度是先由政府主管部分设定社会整体环境保护目标，主要就是在一定时期内排污总量的设定，把排污总量量化为许可证数量，每一张许可证代表可以排污的数量，再按照相应的法规和程序把许可证分配给各企业，当然这个过程可以使无偿划拨也可以是定价销售给企业，企业必须按照所拥有的许可证数量进行排污，如果超过的部分，必须到市场中按照市场定价原则购买其他企业由于环境技术能力强，排污量较少而节省下来的排污许可证，企业生产成本增加。如果企业想使自身的生产成本下降，必然会选择进行环境治理投资，用于环境友好型技术创新的研发和使用，从而降低排放，这样不仅不会花额外成本去市场购买，还会节省下部分排污许可证，放到市场中销售而获得相应利润。可交易的排污许可证制度是通过市场的价格机制对排污总量进行配置，这大大降低了行政配置手段的运转成本，同时价格机制对企业有极大的激励作用，激励企业不断地追求环境生产技术改进，以获得利润最大化。在排污许可证可交易的制度下，许可证就是排污企业享有并可以行使环境容量使用证明，我国当前实践中出现的排污权交易尝试也是通过许可证的转让而完成的。美国的实践表明，可交易的排污许可证制度在美国实践以来，与行政性的命令—控制型环境规制工具相比，每年接受接近 10 美元环境治理成本，体现了市场型的创新激励手段在交易成本中节约效应，同时也解决了排污税税率和排污补贴标准制定困难的问题，并通过市场的价格机制对技术创新形成较大的拉动作用。

通过上面的分析我们可以看出，不同的环境规制工具在一定程度上都对环境友好型技术创新有激励效果，但激励的方法各不相同，成本也有比较大的差异，这也将对企业最终的利润产生影响，并反作用于企业环境治理投资的取向。

6.4.2 不同环境规制工具对环境友好型技术创新作用的适用情况

通过对不同环境规制工具对环境友好型技术创新激励作用进行比较，我们发现规制手段对环境友好型技术创新的激励程度主要依赖于市场竞争状况，同时也会受到企业规模的大小、环境友好型创新成本的高低和现在排污量等方面的影响。在不同的影响因素下，每一种规制工具都可能有比其他规制工具引起更大的创新激励作用。激励效果的好坏则取决于市场结构：在完全竞争市场下，由于市场竞争较为激烈，企业垄断性不高，市场机制在市场运行中发挥较大作用，此时市场激励型环境规制工具对创新的激励作用优于命令控制型规制工具，但在市场激励型环境规制工具下的排污税、排污补贴和可交易的排污许可证制度对创新的激励效果的排序则是不确定的；在不完全竞争市场条件下，特别是在完全垄断和寡头垄断市场下，命令控制型环境规制工具对创新的激励效果往往好于市场激励型规制工具。在具体实践过程中，由于各种环境规制工具有不同的特点，在激励环境友好型技术创新上有自身的优势和劣势，所以适用于不同的情况，具体说：

（1）技术标准

环境规制中如果选择命令—控制型工具中的技术标准用于污染治理的特定技术，该技术标准是根据该行业的现有技术制定的，往往对于那些排放水平较高、环境技术水平落后的企业有较大的激励效果，而对于环境技术水平较高的企业却难以激发进行更优效率的环境友好型技术的创新和生产流程的改进。但是，设定了某些环境技术作为技术标准，有利于推进环境技术的扩散，对于那些后进企业选择先进的环境技术有巨大的激励作用。

（2）排污量标准

排污量标准是环境保护部门对企业设定的污染排放量的上限，规制部门虽然设置统一的环境污染控制目标，但是在统一的目标下企业可以自由选择减污方式达到这一目标，严格的排污量标准手段能够有效地刺激环境技术需求，对满足标准的技术内容也没有限制，所以能够有效地促进技术创新。但是实践中，多数排污量标准是以现有技术为基础制定的，通常是依据可行的末端处理技术，极少或根本不需要环境友好型技术创新就可以达到标准，因此，对新的更有效率的环境技术提供较小的创新激励。如果严格的排污量标准能够为技术创新预留足够空间，会激发技术创新，并且绩效标准在技术要求和执行上的灵活性，使它能够更有效地激励环境友好型技术创新。

（3）排污税

对污染物的排放进行征税是理论界所倡导的实现污染控制目标的标准手段。排污税由规制机构制定污染排放的收费标准，或者先确定可以接受的最低环境质量水平，然后再确定对污染排放的收费标准。排污税旨在消除污染损害造成的私人价格和社会价格之间的差别，通过调整私人价格接近社会价格。它一方面通过征税影响企业私人成本激励他们进行污染治理，减少污染排放；另一方面通过收税筹集资金，为污染控制提供经济支持。在排污税制度下，企业有持续的动力通过技术创新减少污染治理成本，并且筹集的资金也有利于技术创新的资金支持。因此，一般认为，排污税是激励技术创新的有力工具，对环境友好型技术创新的激励相对于可交易排污许可证制度在很多方面是有吸引力的。在存在技术进步和没有进一步的政府干预调整情况下，可交易排污许可将减污水平固定化，而排污税会进一步提高减污水平。排污税对先进减污技术的研发和采用能提供持续的激励，为了规避排污税负担，排污者有研发和采用先进减污技术的动机。但是，在一个经济快速增长和价格水平不断上升的经济体中，规制者如果不对名义排污税率进行适时的调整，排污税对减污技术进步的激励会逐步减弱、甚至完全丧失。

（4）排污补贴

排污补贴和排污税都是通过调整相对价格来激励生产减污行为，补贴主要是对污染削减的补贴，或者对执行环境标准面临实际困难的企业进行的财政补助，实际是政府为购买环境质量物品向企业支付的价格，主要有补助金、长期低息或无息贷款、加速折旧、减免税收等。对环境友好型技术创新的短期激励作用上与排污税没有本质差异，当企业面对减污量越大补贴越高的状况下，企业会不断地采取环境技术创新行为以期获得补贴提高利润，但前提是政府管理部门必须有能力核算出企业的减污成本和补贴之间大小，只有补贴额度超过减污成本，企业才有动力进行技术创新，这在信息不对称的环境，对于制定政策的政府管理部门存在一定难度。如果补贴更多的是针对那些没有能力满足环境标准的污染者作为补助对象，实际上是把污染企业视为环境资源的所有者，导致环境资源所有权关系的错位。在这种情况下，企业没有动力进行环境技术创新。但是，当对于清洁技术的需求存在不确定性时，或者环境技术创新需要较多资金时，可能需要给予污染企业一定的补贴。

（5）可交易的排污许可证

指政府管理通过免费发放或拍卖等形式，将排污许可证交与排污者，然后排污者可以根据需要在市场上进行许可证的交易，其主要功效是在整个排污权交易范围内，以最小的费用实施既定的环境目标。可交易的排污许可证与排污税和补贴有所不同，税和补贴控制和影响的是价格，许可证控制的是排污数量。尽管都是控制排污数量，但排污量标准给予企业的排污量是不允许交易的，而可交易的排污许可证是可以在市场中进行交易的。在这种制度下，企业不仅能够从污染治理成本下降中获益，而且还可以通过出售许可证获益，所以对环境友好型技术创新有较大的激励。但是，由于可交易的许可证制度实施需要很多条件，比如排污许可总量的准确确定，完善的市场条件和对排污行为的有效监督等，需要较大的监督和交易成本，所以实施受到一定的限制。

本书关于环境规制工具对技术创新的激励程度归纳总结见表6-4。

表6-4　　　　　　　　　环境规制工具对技术创新的激励

环境规制工具	对技术创新的激励	应用条件
技术标准	规制机构指定用于污染治理的特定技术，难以激发更有效率的技术的发明和创新	当现有最高效率的环境技术达成一致意见时，有利于先进技术的推广和扩散，否则阻碍环境技术创新研发
排污标准	多数标准依现有技术而定，对更优效率的技术提供较小的创新激励	如果绩效标准能够为技术创新预留足够的空间，会激励技术创新，否则阻碍企业的技术创新行为
排污税	由规制机构制定污染排放收费标准，企业有持续动力通过技术创新减少污染治理成本	需要排污税合理配置，适用于大多数情况和条件
排污补贴	对执行环境标准面临困难的企业进行财政补助，企业没有动力进行技术创新	适用于对清洁技术的需求存在不确定性，且技术创新需要较多资金的情况
可交易的排污许可证	通过免费发放或拍卖将排污许可证交与排污者，并允许在市场上进行交易，对技术创新有较大激励	适用于大多数条件，但需要有较为完整的排污许可证的交易市场

　　同一种政策对不同的政策受体的影响效应不相同，命令—控制型的环境规制政策与市场激励型环境规制政策的技术效应也不同。命令—控制型的环境规制政策的受体处于被动的地位，被迫采取环境友好型技术创新行动；而市场激励型环境规制政策的受体则会主动地采取创新行动。政策的不确定性使得政策受体担心任何创新行为都会导致更严格的政策出台，过于严格的政策会使创新的成本太高，若技术创新的成本效益很小，则会挫伤企业环境友好型技术创新的积极性。不同的环境规制政策对不同技术创新类别的激励强度是不同的，如表6-5所示。

表6-5　　环境规制手段对不同创新行为的激励效果　（X代表激励强度大小）

项目	根本性创新	渐进性创新	连续创新	技术扩散
技术标准	X	XX	X	XXX
排污量标准	X	XX	X	XX
排污税（费）	X	XXX	XXX	XX
环境补贴	XX	XXX	XX	XXX
排污权交易	X	XX	XX	X

　　因此，理论上排污收费、排污权交易等经济手段可以产生动态效率，对环境友好型技术创新具有长期的、持续的激励作用。而命令控制式的政策法规对技术创新具有一次性的强制性刺激效果。因此，将命令控制式的环境政策法规与环境经济政策相组合可以产生更好的激励效果。从技术创新角度看，应该更多地运用非命令式的环境政策法规，比如环境经济政策和信息披露手段等市场方法可以替代命令控制式的环境政策法规成为主导型的环境政策工具，命令控制式的政策法规则可发挥必要的补充作用。

第 7 章

环境友好型技术创新对经济
发展方式影响的经济分析

上文已经论述了环境规制政策对于环境友好型技术创新的激励作用和影响机制，本部分则主要研究环境友好型技术创新对与经济发展方式转变的作用和传导机制。要素投入的数量增加和质量的提高是经济增长的根本来源，但这只是推动经济发展的一个部分，没有产业结构的改进、升级和经济质量的提高、改善则无法称之为经济的发展，更无法达到经济的可持续发展。经济的可持续性发展又是以环境不遭到破坏为前提的，依靠资源环境的大量投入及损害的生产方式是无法持续的，因此必须改变原有的经济发展方式，向生态经济和经济社会的协调发展方向转变。单纯的要素投入数量的增长在生产技术不变的情况下会受到要素边际生产力递减的制约，因此持续的技术进步，即提高要素投入的质量、增加新的要素投入、形成新的要素投入比例、促进产业结构调整是经济持续发展的保证。可持续发展首先要满足的是人的基本需要。这不仅包括人的衣食住行等生存的基本条件和达到一定水平的卫生保健与教育等服务，而且还要有良好的适于人类生存的生态环境。同时，可持续发展要求建立可持续的生态结构与消费结构，实现发展模式的转变，新的发展模式应具有对资源与能源的低消耗和高效率的使用，开发和使用有利于环境的、尽可能不造成污染的技术，以可持续的方式去使用各种资源。

环境规制的最终目标是通过政策手段来引导生产者和消费者增加资源节约和环境保护的技术投入而实现经济的可持续发展。可持续的经济发展的实现不但表现在微观生产者要素投入种类和质量的提高——即从粗放式的要素投入数量的扩大增长方式转变为提高要素投入质量（技术含量）的内涵式经济发展方式，而且在宏观上表现为国民经济中产业结构的升级和优化。环境规制可以诱导生产者在生产中使用环境友好型技术，也可以诱导生产者增加对生产后的废弃物的回收再利用和采用对废弃物进行低害化处理技术。环境友好型技术创新对经济发展方式转变会产生重要影响。

7.1 环境友好型技术创新对可持续发展影响的不同观点

7.1.1 资源环境约束的悲观主义与乐观主义

建立在要素边际生产力递减的假设基础之上，西方古典经济学家普遍持有经济增长中迟早会出现资源性的约束，经济增长将不会持续下去的悲观性论点。这种悲观性论点在马尔萨斯的研究之中得到了最明显的体现，虽然有一些古典经济学家，比如约翰·穆勒对于技术进步会在一定程度上缓解资源约束的压力表现出一定的信心，但是古典经济学家普遍的悲观态度占据主导地位。在此之后，环境也作为一种具有价值的稀缺性的要素也被认为是有限的。20世纪70年代，古典经济学家的悲观性观点又以现代的形式出现，以"罗马俱乐部"命名的研究组织，以系统动态学技术为基础，建立了一个大型的计算机模型来模拟世界经济的可能走向，该研究以反馈环解释行为。[①]该研究的结论基本上是悲观的。[②]

对于悲观观点进行批评的主要代表人物是朱利安·西蒙（Julian Si-men）。他基于对于经济社会发展史的资料，发现人类具有足够的才智去解决经济社会发展中的资源约束和环境问题，而且历史事实是人类经济越发展，人们的生活水平越高，原材料的价格越来越低。西蒙在其论证过程中认为，资源和环境问题的并不是经济发展不可避免的产物，而是人类利用资源

---

① 反馈环是一个把人类行为与它对周围环境产生的结果联系起来并且这种结果有影响下一步的行为的闭合路径。悲观主义者认为系统中居于统治地位的反馈环是自我加强正反馈环。由于正反馈环的统治地位，并且基础资源的产量又有固定限制，人类活动必然与自然界相冲突。

② 该研究有三个主要的结论：一是如果传统意义上制约世界发展的物理、经济或社会关系没有太大的改变，社会将耗尽基础工业化发展的必需的不可再生资源；二是使用单个的方法解决某个特定问题是不可行的；三是只能通过限制人口增长和防止污染加剧，并且使经济停滞增长，才能避免曲线的急剧下降和经济系统的崩溃。

的不恰当方式引起的。《21世纪议程》指出，"全球环境不断恶化的主要原因是不可持续的消费和生产模式，尤其是工业化国家的这类模式"。对于自然资源缺乏的现象，社会的经济政策体系应该也能够消除或减弱对社会造成的影响。在这里，负反馈能够创造一个自我限制的过程。因此，对于西蒙来说，人类的智慧以及在此基础之上的制度和政策安排会足以解决经济增长中的资源和环境约束问题，而将经济的增长放缓归结于资源环境约束是一种不负责任的推脱。虽然，马尔萨斯的预言没有在其产生的西方发达社会中成为现实，但是人口、资源、环境约束确实给这些发达国家的经济增长造成了很大的负面影响，对于一些发展中国家来说面临的问题更大。而西蒙所持有的乐观主义的观点虽然没有足够的事实依据能予以否定，但是经济制度、政策在解决资源环境问题的实效上显然是被夸大了。资源环境问题的进一步恶化，以及国家、国家间在解决资源环境问题上的失误、举步维艰，使人们看到仅仅怀有乐观的情绪是不够的，人类真的具有智慧去解决问题吗？

　　对我国来讲，悲观主义者的经济停止发展的药方是不现实的。因为我国还是一个发展中国家，经济增长是解决诸多问题的关键。我国城镇化水平比较低，2007年城镇化率只有44.9%，2013年为53.7%，按照经济发展的水平和城市化率的比较，低于世界平均水平。庞大的人口基数，也使中国面临巨大的劳动力就业压力，每年有1000万以上新增城镇劳动力需要就业，同时随着城镇化进程的推进，目前每年有上千万的农村劳动力向城镇转移。据国际货币基金组织统计，2007年中国人均国内生产总值为2461美元，在181个国家和地区中居第106位，仍为中下收入国家。我国区域经济发展不均衡，城乡居民之间的收入差距较大。我国仍然被贫困所困扰，目前全国农村没有解决温饱的贫困人口1479万人，刚刚越过温饱线但还不稳定的低收入人口有3000多万人。我国科技发展水平较低，自主创新能力弱。发展经济和改善人民生活水平是我国当前面临的紧迫任务。

　　我国作为发展中国家，工业化、城市化、现代化进程远未结束，而人均资源短缺将是我国经济发展的长期制约条件，与此同时，我国自然生态环境问题已经十分严重。但是，经济增长又不得不面对的资源耗竭和环境污染问题。可持续发展对于我国来讲，不但要解决人口高度密集，人均资源相对匮乏，自然生态环境比较脆弱的条件下的经济长期高速发展的问题，同时又要解决保护和改善环境的问题，这将是一个史无前例的社会实践。因此我国经济发展的理想状态应该是既能保持必要的经济增长又能够有效缓解资源和环境的压力，既能够满足当代人对经济增长的要求又能满足后代人对经济增长的要求，这种经济发展方式就是可持续性的经济增长。本书认为，将我国经济发展目标、资源环境约束转变为可持续发展的动力的有效途径之一就是通过合理的环境规制政策，通过"倒逼"的形式引导、诱致、迫使生产者、消费者、政府致力于环境友好型技术创新，从而实现可持续发展。环境友好型技术创新是实现持续经济发展的核心。

7.1.2　可持续经济发展：弱替代性与强替代性

在经济学中环境被视为能够提供一系列服务的复合性资产，它为经济提供了可以通过生产过程转化为消费品的原材料以及使这种转化顺利运行的能量。因而，本书中"环境"一词既包括自然资源也包括直接或间接参与生产或生产过程以及吸纳生产和消费过程中废弃物的水、大气等。

1987 年，由联合国资助的布伦特兰委员会把可持续发展定义为在满足当代人需求的同时不牺牲后代人需求能力的发展。这个定义中的可持续发展除了设定了在资源利用的效率标准——静态的效率和动态的代际效率之外，更为重要的是设定了资源利用的代际公平标准。经济发展所依赖的资源包括自然赋予的资源和环境，这部分资源的总量是由外生因素决定的，其利用水平和需求量是由经济活动来决定的；也包括人类自身所生产出的资本品，这部分可由于再生产的要素是人类经济系统内部的结果。① 按照自然资源和环境的特征以及人类利用资源的特点，自然资源和环境可以分为：可耗竭的资源和不可耗竭的资源。对于不可耗竭的资源，以及资源再生能力或者循环能力大于资源消耗能力的资源在经济学上不具有研究的意义。可持续经济增长研究的主要是可耗竭性资源利用的效率和公平问题。可耗竭性资源又可以分为数量固定的不可再生和循环利用的资源，以及虽然可以再生产和循环利用但是其速度赶不上资源消耗的速度。

自然界的水体、大气以及多样化的生物是一个具有限度的容纳体，如果人类的生产和消费活动破坏了环境的自我恢复和循环能力，环境就会恶化。

---

① 对于人类的劳动力自身，经济学家一般认为劳动力的生产和再生产是取决于经济以外的因素，但是这种观点受到了一定的质疑，人口的变动呈现出与经济发展状况较大的相关性，因而不是外生的。至于人类体力劳动之外的知识、经验和技能水平则是取决于对人力的投资，是内生的。

从经济学的观点看，环境资源具有能够直接参与到生产和消费过程中的直接使用价值、远期价值和不使用价值。[①] 资源和环境是具有价值的，但是在一定时间内资源和环境的承载能力是有限的，因此人类利用资源和环境的问题必须面对代际之间资源利用的效率和公平问题。可持续发展的定义是一种质的规定，在现实中，为了可持续性原则的可操作性，经济学家一般使用所谓的"哈特威克原则（Hartwick Rule）"。哈特威克原则是指，如果所有短缺性的资源的租金都被以资本方式投资的话，那么可持续的消费量就可以保持不变，而且会保持总资本价值不变。哈特威克规则核心的思路是，如果资源和环境在一个时期被用于生产和消费而被消耗掉，而在同时期资源和环境生产的价值以租金的方式被用在投资，从而使资本在总量上保持不变，并且能够保证后一时期能够从生产出足够的消费品，那么经济增长将不会受到资源和环境的约束，而具有可持续性。简而言之，当代人消耗了资源和环境，但是以实物资本的方式给予足额的补偿。在这里，该原则的一个暗含假设是，自然资本（环境和资源）可以被实物资本所替代。这里的问题是，实物资本和自然资本之间的可替代性到底有多强？经济学家区分了强替代原则和弱替代原则。弱可持续性观点认为，为实现可持续性，只需要保存资本总量的价值就行。很明显，弱可持续性必须假定在效用函数中的组成要素是可替代的。强可持续性则相反，它要求保持自然资本本身，自然资本在提供效用上是被看作不可替代的。经验研究表明，资本和资源之间的可替代性程度并没有一个普遍的共识。据布朗（Brown）和菲尔德（Field）的研究发现，资本和资源的替代率在所研究的四种工业行业中都大于1。而汉佛莱（Humphrey）和莫洛内（Moroney）的研究发现资本和资源的替代弹性在其他行业中小于1。而资本和能源之间并不存在替代关系，伯恩特和伍德发现，美国的实践表明，能源与资本之间是互补关系。[②]

很显然，不论是强替代性还是弱替代性是相对的，生产技术创新的程度是强替代和弱替代的限制条件之一，不可否认的是环境和资源的一些使用价值和不使用价值（如审美、生物多样性、存在价值）是不能被实物资本的

---

① 远期价值，指的是人们在未来有能力使用环境所带来的价值。人们即使在现在不使用环境的情况下，保留在未来使用价值的选择权。不使用价值，反映的是人们愿意为改善和保护那些永不会使用的资源所支付的价值。

② 汤姆·泰坦伯格．环境与自然资源经济学（第5版）［M］．北京：经济科学出版社，2003，6，523.

功能所替代的。

7.2 我国环境友好型技术创新的现状

从经济发展的可持续性角度看，理论界先后提出了绿色经济、循环经济、低碳经济等发展形式，并随之付诸实践，这些经济发展方式本质要求都是在经济发展的同时降低对自然资源和环境的损害，要实现这些目标，除了社会生产和消费的观念和行为转变之外，更重要的推动因素就是基于环境友好型的技术创新，否则经济可持续发展就成为空谈。实际上，这同样是发达国家注重的要点之一，如在奥巴马政府通过的《清洁能源安全法案》就提出了强化其低碳技术的进步，并试图投入巨资加快低碳技术开发利用，占领国际技术制高点；日本也在重点扶持低碳技术开发，试图通过产业政策引导，维持低碳技术领域优势地位。当然，这里所讲的环境友好型技术创新并非只是所谓的高新技术和复杂的技术，环境友好型的技术创新也可以是一些小的颠覆性技术创新。① 因此环境友好型技术创新的关键不是高或低，而是适应和方便。

7.2.1 我国环境友好型技术创新的发展趋势

作为一个技术相对落后的国家，我国在环境友好型技术创新方面也处于后进地位。计划经济时代的粗放式和一些违反发展规律的经济社会发展方式以及改革开放以后，只注重经济总量增长的粗放式增长方式，不但使我国经济发展的资源和环境短缺越来越严重，而且也抑制了我国资源节约和环境友好型技术创新的动力。从我国目前针对环境和资源持续利用的技术创新现状来看还远远不能达到实现经济可持续发展的要求，在可持续发展成为经济发

---

① "颠覆性"创新。该概念由克莱顿·克里斯滕森教授首先提出，这种创新是指"为现有的产品和服务找到了更便宜、更好用的替代方法，满足被传统市场竞争者忽视的客户的需求"，或者现有产品和服务有了新用途，或者新用途和新方法两种情况相结合。颠覆性创新的主要特点是社会对技术创新的再定义，而非按照既定技术轨迹对技术加以改造，所以它跟创新究竟是"高技术"还是"低科技"是两码事。大卫·泰弗德、金珺，泰勒·路克，破局：改变游戏规则，中国的低碳创新经验，NESTA（英国国家科学艺术基金会）资助的研究项目报告。

展的必然要求时，这不但会制约我国企业的产业竞争力和国家竞争优势，而且还会使我国的经济发展陷入困境。作为一个发展中国家和技术落后国家，环境友好型的技术创新无非就是两条道路，一是自主创新，二是通过技术引进。我国已经将能源开发、节能技术和清洁能源技术突破、在重点行业和重点城市建立循环经济的技术发展模式为建设资源节约型和环境友好型社会提供科技支持作为国家中长期科技发展规划的重要目标。另一方面我国在低碳技术引进上也作出了很大努力。如建立中美应对气候变化技术合作研究机制，充分吸取国际先进技术成果，加快推进我国低碳技术创新步伐。但是由于缺乏核心技术的前期积累，我国低碳技术发展现状令人担忧。有些只是简单模仿和照搬欧美等发达国家技术，这种短视行为不仅引发水土不服问题，而且直接影响和制约低碳技术的自主创新。

但是，如我国《国家中长期科学和技术发展规划纲要（2006～2020年）》所讲的，我国由于各方面的因素自主创新能力与发达国家相比还是有很大的距离。[①] 如我国低碳技术特别是其中的低碳核心技术储备，远远滞后于西方发达国家。以低碳领域的高能效技术为例，资料所显示，发达国家的综合能效，即一次能源投入经济体的转换效率达到45%，而我国只能达到35%。虽然我国最近在一些技术上取得了长足的进步，但与其他发达国家相比，我国的技术还是相对比较落后的，而且没有形成真正的产业化生产。我国的太阳能光伏企业引领全球，煤燃烧技术，包括超临界高参数燃烧技术和气化技术（IGCC - 煤气化联合循环发电系统）也是世界领先。这些技术尽管已经得到了广泛采用（中国目前90%的光伏产品都是出口的），但还不能实现整体低碳转型。[②] 正如一些专家所指出的，低碳经济说到底需要低碳技术的突破，如果没有科学创新和技术突破，只是就事论事地减少排放或者减少一次石化能源的消费，对一个国家或者一个地区而言，解决问题的方法就

---

　　① 《国家中长期科学和技术发展规划纲要（2006～2020年）》指出我国科技创新体制存在的问题包括：一是企业尚未真正成为技术创新的主体，自主创新能力不强。二是各方面科技力量自成体系、分散重复，整体运行效率不高，社会公益领域科技创新能力尤其薄弱。三是科技宏观管理各自为政，科技资源配置方式、评价制度等不能适应科技发展新形势和政府职能转变的要求。四是激励优秀人才、鼓励创新创业的机制还不完善。这些问题严重制约了国家整体创新能力的提高。

　　② For example, Assadourian, E. (2010) "The Rise and Fall of Consumer Cultures." Worldwatch State of the World Report 2010. Washington, DC: Worldwatch.

只能是将能耗高的企业和产业转移出去。① 缺乏必要的低碳技术积累，还容
易在方兴未艾的国际碳交易市场处于被动地位。根据《京都议定书》规定，
中国作为发展中国家在 2012 年前不承担减排义务，但议定书鼓励承担减排
义务的发达国家向发展中国家购买排放量。某些发达国家企业通过向中国企
业输出技术获得碳排放权，会给中国企业长远发展带来不利影响。

　　就现阶段来说，中国环境技术创新还主要采用国外技术引进和国内技术
开发相结合的模式，特别是在一些创造性较强的排污治理、生产方法、污染
检测设备和污染物过滤技术等还主要依靠国外引进，但中国环境友好型科技
创新的总体趋势表现为，在许多领域与国际先进水平的差距在不断缩小，部
分环境技术领域已达到国际先进水平。但是，我国环境友好型技术创新研究
的重点更多地侧重于污染排放的治理方面，对于如何预防与生产技术改进从
而减少污染物排放的清洁技术以及多样化高效回收技术的开发和推广应用仍
需加大投入力度。

7.2.2　环境规制政策诱致环境友好型技术创新效果显著

　　环境友好型技术创新是环保工作的基础，是建设环境友好型社会的重要
技术支撑。政府科技发展项目所取得的一系列关键支撑技术及成果解决了众
多环境难题。

　　"十五"期间，为了解决河湖水系的污染控制问题，国家先后启动了
《湖泊富营养化过程与蓝藻水华暴发机理研究》等重大基础研究（973）项
目，以及《水污染控制技术与治理工程》等高新技术领域（863）专项，有
效提高了中国部分区域及流域的污染控制能力，为改善环境质量提供了支
持。"十一五"科技攻关项目组织开展了部分行业的环境应用技术的研发工
作。其中最大的项目是新一代铁回收处理技术。该项目耗资近 10 亿元人民
币，有望将来在中国广泛应用。另一个重要研究项目"农村地区生态监测

---

　　①　如果没有技术上的突破，一些看似低排放的清洁能源也可能并不那么清洁。比如太阳能对
它的终端消费者而言是清洁能源，几乎零排放。但是太阳能光伏电池所使用的多晶硅的生产并不是
一个清洁的过程。再比如，各国都在热衷研究的电池汽车，如果没有在电池回收和再利用技术上取
得重大突破，废弃汽车电池的污染可能会比燃烧汽油的排放对地球的破坏更严重。即便在电池上取
得了突破，如果不能用更清洁的方式来利用煤炭发电，整个过程就是将汽车的排放集中起来在发电
这个环节排放。

与恢复"项目的完成将帮助建立一个无线通信系统,用于监测农村地区的水源、土地以及空气质量状况。在水污染控制研究领域,特别是在生物强化处理、催化氧化和膜生物处理等高新技术处理难降解废水及高效有机高分子絮凝剂领域,开发出了一批适合中国国情的城市污水处理实用新工艺、新技术和新产品。这些技术的应用与实践,为解决全国重点流域水污染问题提供了有效技术支撑。"三河"(淮河、辽河和海河)、"三湖"(太湖、滇池和巢湖)流域已经建成和正在建设的污水处理厂达 416 个,日处理能力 2100万吨;流域内的 5000 多家重点污染企业,按设计标准,80% 以上能实现达标排放。1992 年联合国环境与发展大会后,中国组织制定了《中国 21 世纪议程》,并综合运用法律、经济等手段全面加强环境保护,取得了积极进展。中国的能源政策也把减少和有效治理能源开发利用过程中引起的环境破坏、环境污染作为主要内容。

在大气污染控制领域,环境友好型技术创新也为大气污染控制提供了有力的支撑。"十五"期间,通过组织实施燃煤电厂、大中型工业锅炉烟气脱硫技术及设备产业化、燃煤电厂锅炉烟气微细粒子高效控制技术与设备、柴油机氮氧化物净化技术、柴油车微粒捕集器关键技术等科技攻关,为大气污染控制高新技术研究及产业化打下了基础,为国家建立"两控区"("酸雨控制区"和"二氧化硫控制区","两控区"的酸雨与二氧化硫已经超标,且覆盖了全国总面积的 10%。)提供了技术支持。国家在"两控区"内通过推广清洁燃料和低硫煤、在大中城市禁止民用炉灶燃用散煤及使用燃煤锅炉污染控制技术进行能源结构调整。这些措施为有效地遏制"两控区"的大气污染起到了重要作用。通过对包括城市污水处理、饮用水源污染、有机工业废水、清洁煤技术、废弃物焚烧技术本地化等方面的研究,中国开发出了一系列针对大气污染、城市污水、固体废弃物处理以及生态保护等方面的关键技术与设备。烟气脱硫技术取得了明显的进步,在燃煤电厂脱硫方面得到了广泛应用。通过工业污染控制战略调整并结合环境科学技术的研究和发展,中国在主要行业的污染控制方面取得了巨大成就。

7.2.3 环境友好型创新技术推动了环境保护水平的提高

为促进科技成果的产业化,国家环境保护总局(现国家环境保护部)在 1991 年成立了国家环境保护总局最佳实用技术评审委员会和环境保护最佳实用技术推广办公室，并在全国范围内开展了国家环境保护最佳实用技术的筛选、评价和推广工作。1999 年，原国家环保总局（现国家环境保护部）启动了名为"国家重点环境保护实用技术项目（NKEPPTP）"的工作，目的是传播最佳实用技术信息。企业可以申请将其技术列入国家重点环境保护实用技术档案。通过评估后，国家环境保护总局负责将这些技术信息在全国发布。鼓励各级政府和相关企事业单位优先采用这些技术。"十一五"时期是环境友好型技术发展的黄金期，在环境技术创新过程中，环境保护系统组织环境技术科研项目 234 项，国家重点基础研究发展计划项目（973 项目）6 项、其他科技计划项目几十项，在环境技术管理体系建设工程实施过程中，先后发布了《国家先进污染防治技术示范名录》和《国家鼓励发展的环境保护技术目录》，新发布了 20 余项污染防治技术政策、30 余项环境保护工程技术规范和 6 项污染防治最佳可行技术指南，技术引领总量减排取得成效。2007 年 12 月，《水体污染控制与治理科技重大专项实施方案》顺利通过国务院常务会议审议，围绕流域水污染治理技术体系和流域水环境管理技术体系建设，已产出了一大批标志性成果，重点突破了一批"控源减排"关键技术、城市污水处理厂提标改造和脱氮除磷关键技术，以及饮用水安全保障关键技术，研发了一批关键设备和成套装备，综合集成多项关键技术，有效支撑了示范流域水质改善。[①] 政府可以为采用这些技术的相关单位提供政府补贴。2008 年，环保部选出约 49 种技术，其中最大的一项是 600 兆瓦发电厂的脱氮技术。这些环境友好型技术的实施和推广在国家进行环境保护过程中发挥巨大的效能。

7.3　环境友好型技术创新对经济发展方式的影响机制

7.3.1　环境友好型技术创新促进经济可持续发展

在 1932 年出版的《工资理论》一书中，希克斯根据技术进步对资本和劳动的影响程度的差异，将技术进步分为劳动节约型、资本节约型和中性型

---

① 环境保护部，国家环境保护"十二五"科技发展规划，2011.

三大类。假设在生产活动中除了技术以外，只有资本与劳动两种要素，定义两要素的产出弹性之比为相对资本密集度，用 ω 表示。即如果技术进步使得 ω 越来越大，即劳动的产出弹性比资本的产出弹性增长得快，则称之为节约劳动型技术进步；如果技术进步使得 ω 越来越小，即劳动的产出弹性比资本的产出弹性增长得慢，则称之为节约资本型技术进步；如果技术进步前后 ω 不变，即劳动的产出弹性与资本的产出弹性同步增长，则称之为中性技术进步。①

　　环境规制政策通过改变生产者和消费者面临的资源—要素约束条件（要素的相对价格，要素相对价格的改变诱使生产者改变要素投入比例），促使生产者在生产过程中改变要素的使用比例的——通过要素替代或者提高要素生产效率的方法来减少对稀缺性的自然资源的使用和对环境有害的生产方法——技术进步是实现可持续经济增长的路径之一。资源节约—环境友好型的技术进步，一方面可以通过提高资源环境利用效率的方法节约使用、循环使用和再利用的方式减少对自然资源和环境的耗损速度；另一方面可以通过对资源环境的替代性产品的开发，而减少对资源环境的利用强度。

　　从可持续发展的角度看，环境友好型的技术进步可以在一定程度上有利于实物资本对自然资本的替代强度。这种替代经济结果可以从微观和宏观两方面来体现。微观上，随着资源利用和环境损害成本的提高，如果生产的产权体系能够保证外部性的内部化，生产者就会采用节约资源和提高资源利用效率的技术，单位产出的资源和环境消耗比例就会出现降低。虽然随着总体经济量的增加，总的资源消耗和对环境的有害排放会增加。在宏观的产业层面，表现为可耗竭性自然资源产业增长率放缓和所占国民经济比重的下降，以及环保相关产业的扩大。与传统的投资不同，环保产业的投资不能产出更多的产品，但会带来更加清新的环境。因为这种清新环境的价值往往不能在仍然实行的统计方法中得到反映，因而以传统方式统计的经济产出增长率可能会变慢。这两个经济结果，都可以从经济发展的相关统计中得到验证。帕辛吉安（Pashigian，1984）从环境规制对最优工厂规模和生产要素份额影响的效果进行分析时发现：强制性的环境成本增加将提高大厂商的市场份额，

---

　　① 在中性技术进步中，如果要素之比不随时间变化，则称为希克斯中性技术进步；如果劳动产出率不随时间变化，则称为索洛中性技术进步；如果资本产出率不随时间变化，则称为哈罗德中性技术进步。

因为小厂商要么从产业退出要么变成大厂商。环境规制不仅改变了市场份额，而且也改变了劳动和资本之间要素份额的分布，具体来说，环境规制除了使产业内市场份额再分配外，还使资本的使用量相比劳动要素数量增加。他们给出的解释有三个原因：①环境规制的技术驱动（technology-foreing）特征有利于使用降低和治理排放的资本密集方式；②阻止进入或提高新厂商成本的政策能增加现存厂商的租金；③强制性遵从成本可能导致短期损失。至于资本份额的上升是否因为资本的集中和生存下来的厂商所获资本报酬率上升，仍有待研究。尽管如此，至少表明环境规制有导致产业集聚和产业报酬率上升的可能。古尔德（Goulder）和玛泰（Mathai，2000）研究了环境规制政策对诱发性技术革新（Indueed Technological Change，ITC）的影响。他们比较了两种不同条件下规制的成本，结果发现：存在诱发性技术革新的情况下，要求加大减排力度是有积极意义的，社会净收益会提高。因此，可以说，环境规制虽然在一定程度上会增加企业成本，降低资产周转速度，并可能在一定时段内影响生产效率，但对降低企业排放、控制污染企业数量和激励技术创新方面有较大的积极作用。

基于环境规制的技术创新，在集约有效利用资源—环境的同时，不仅不会对生产效率产生负面影响，而且还可以提高生产效率，成为促进经济增长的一个重要的工具。例如，在对 APEC 中的 17 个成员方的对二氧化碳排放量的限制政策对生产效率影响的实证研究中，得出在平均意义上，考虑环境管制后，APEC 的全要素生产率增长水平提高，技术进步是其增长的源泉。如果不考虑环境管制，APEC 的生产率平均每年的增长率为 0.44%。然而，如果政策的目标是保持二氧化碳排放量不变或者减少二氧化碳排放量，生产率的增长率为 0.55% 或者 0.56%，并且主要是由于技术进步的推动。研究也发现 17 个国家和地区中，有 7 个国家和地区至少移动生产可能性边界 1 次。[①]

张红凤等的研究表明，环境质量的改善不会自动发生，需要严格而有效的环境规制对环境污染加以改善。只有这样，才能避免过去那种"先污染、后治理"的传统环境转变路径，实现环境保护与经济发展的"双赢"。另一个结论是，经济发展不可避免面临环境—发展的两难，但可以通过环境规制政策来改变 EKC 拐点，从而使得在一个相对较低的环境污染水平越过倒 U

---

① 王兵，吴延瑞，颜鹏飞. 环境管制与全要素生产率增长：APEC 的实证研究［J］. 经济研究，2008：5.

型曲线的拐点成为可能，取得环境规制绩效。严格的环境规制会导致产业结构调整，因此，实现环境保护与经济发展"双赢"的途径之一，是配合趋严的环境规制政策，诱导产业结构优化升级；另外，针对环境规制与污染密集产业发展的冲突，采取真正适用的环境规制政策。①

《国民经济和社会发展第十二个五年规划纲要》提出了"十二五"期间主要污染物排放总量减少 8% ~ 10% 的约束性指标。到 2015 年，全国脱硫、脱硝机组容量占煤电总装机容量比例分别提高到 99%、92%，全国城市污水处理率提高到 92%，城市建成区生活垃圾无害化处理率达到 94.1%。全国化学需氧量和氨氮、二氧化硫、氮氧化物排放总量分别累计下降 12.9%、13%、18%、18.6%，均超额完成减排任务。

从微观层面看，例如，2008 年对 110373 家工业企业进行了重点统计调查，重点调查企业共有 31.3 万人专职从事环境保护工作，13159 套废水污染物在线监测仪器，7.9 万套废水治理设施，共去除废水中主要污染物（包括化学需氧量、氨氮、石油类、挥发酚、氰化物）1420 万吨，投入设施运行费 452.9 亿元，比上年增加 5.8%。其中 241.7 亿吨工业废水通过 77580 个污水排放口（其中含 1696 个直排入海的污水排放口）排入水环境中。在用的 8.8 万台工业锅炉和 8.5 万台炉窑，共安装了 7357 套废气污染物在线监测仪器、17.4 万套废气治理设施，投入设施运行费 773.4 亿元，比上年增加 39.4%。这些治理设施共去除烟尘 30543 万吨、粉尘 8471 万吨。废气治理设施中脱硫设施 27281 套，去除二氧化硫 2286 万吨。② 2010 年，全国电力行业 30 万千瓦以上火电机组占火电装机容量比重从 2005 年的 47% 提高到 70% 以上，火电供电煤耗下降 9.5%；造纸行业单位产品化学需氧量排污负荷下降 45%。2010 年，全国新增燃煤脱硫机组装机容量 1.07 亿千瓦，火电脱硫机组装机容量达到 5.78 亿千瓦，占全部火电机组的比例从 2005 年的 12% 提高到 82.6%；新增城市污水日处理能力 1900 万立方米，污水日处理能力达到 1.25 亿立方米，城市污水处理率由 2005 年的 52% 提高到 75% 以上；钢铁烧结机烟气脱硫设施累计建成运行 170 台，占烧结机台数的比例由 2005 年的 0 提高到 2010 年的 15.6%。③

---

① 张红凤等. 环境保护与经济发展双赢的规制绩效实证分析 [J]. 经济研究, 2009, (3).
② 中华人民共和国环境保护部, 2008 年中国环境统计公报。
③ 中华人民共和国环境保护部, 2010 年中国环境状况公报。

全国环境污染治理投资以及工业源污染治理投资及构成情况（见表 7-1）也表明了微观层面的效果。在产业结构上，表现为落后产能的淘汰和环保产业的发展。例如，2007 年关停小火电机组 1438 万千瓦，淘汰落后炼铁产能 4659 万吨、落后炼钢产能 3747 万吨、落后水泥 5200 万吨，关闭了 2000 多家不符合产业政策、污染严重的造纸企业和一批污染严重的化工、印染企业，累计关闭各类小煤矿 1.12 万处。2010 年，累计关停小火电机组 7210 万千瓦，提前一年半完成关停 5000 万千瓦的任务；钢铁、水泥、焦化及造纸、酒精、味精等高耗能高排放行业淘汰落后产能均超额完成任务。[1]

表 7-1　　　　　　全国近年工业源污染治理投资构成　　　　单位：万元

年度	废水	废气	固废	噪声	其他
2001	729214.3	657940.4	186967.2	6424.4	164733.7
2002	714935.1	697864.3	161287.3	10463.5	299112.6
2003	873747.7	921222.4	161763.4	10139.2	251408.3
2004	1055868.1	1427974.9	226464.8	13416.1	357335.6
2005	1337146.9	2129571.3	274181.3	30613.3	810395.9
2006	1511164.5	2332697.1	182630.5	30145.1	782847.9
2007	1960721.8	2752642.2	182531.9	18278.6	606837.9
2008	1945977.4	2656986.8	196850.6	28382.9	597746.7
2009	1494606.0	2324616.0	218535.7	14100.0	372664.2
2010	1301148.7	1888456.5	142692.2	15193.2	621777.6
2011	1577471.0	2116811.0	313875.0	21623.0	413831.0
2012	1403448.0	2577139.0	247499.0	11627.0	764860.0
2013	1248822.0	6409109.0	140480.0	17628.0	680608.0
2014	1152473.0	7893935.0	150504.0	10950.0	768649.0
2015	1184138.0	5218073.0	161468.0	27892.0	1145251.0

资料来源：2015 年中国环境统计年报。

7.3.2　环境友好型技术创新对经济发展方式转变的具体作用

在封闭经济条件下，决定产业发展变化的基本因素是需求、供给；在开放经济条件下，决定产业发展变化的基本因素是需求、供给、国际贸易和国

[1]　中华人民共和国环境保护部，2010 年中国环境状况公报（2007~2010 年）。

际投资。然而，不管在封闭经济条件下还是在在开放经济条件下，决定产业的发展变化的所有因素中，起核心作用的是创新。总的来说，由环境友好型技术创新引致的产业技术水平上升是促进产业水平上升（产业升级）的最核心影响因素。理论和实证分析已经证明，产业技术水平与该产业生命周期有着非常紧密的关联关系，产业技术水平决定了生产过程中的投入和产出关系，产业技术水平不同，生产过程中的投入和产出关系就不同，较高的产业技术水平对应着较好的投入和产出关系，也就意味着较高的产业水平。荷兰经济学家范·杜因在其《经济增长波与创新》一书中指出，产品的生命周期存在与技术的发展过程中，技术的创新、扩散和更迭都会反映在产业的发展变化之中。

（1）环境友好型技术创新使发展循环经济成为可能

资源（自然资源、经济资源如资本、人力、知识等）稀缺性是一个普遍现象。环境友好型技术创新的实质就是通过技术进步缓解资源稀缺程度，增强稀缺资源的替代性。产业中机器设备、货币资本、人力资本、原材料和能源消耗，以及环境保护等之间的组合是随着技术进步而不断变化的，每一种新组合都代表着先进的生产方式，产业生产率和产业综合素质也将得到提高，而环境友好型技术创新就可实现生产要素的新组合。目前，这种资源利用方式创新和生产要素的新组合，已全部融会贯通于循环经济模式之中，因此技术进步使发展循环经济成为可能。循环经济是环境保护和经济发展有机结合的产物，是一种生态经济。发展循环经济，可以最大限度地利用资源和能源，实现经济活动的生态化，实现降低资源消耗，消除环境污染，提高经济质量的目的，在保护环境的同时给人类带来高质量的经济增长效益。但是循环经济绝不是一把完美无缺的"万能钥匙"，由于受客观认识、经济和科技因素的制约，循环经济体系中还存在一些难以解决的矛盾和缺陷。如废物变资源和再生资源的利用，要将污染物真正转变成便于利用的理想资源，就往往存在着技术难度大和工艺复杂的现实问题，而这些矛盾和问题，都需要通过不断的技术创新来解决。如：假如没有发明酸析技术，就不能从造纸厂排放的黑液中提取木质素，用以生产有机肥料。此外，循环经济需要的技术不再是单一技术，它是大量相关技术的集成，具有技术含量高、运转难度大的特点，这些唯有通过不断的环境技术创新方能解决。

（2）环境友好型技术创新对产业升级产生积极影响

技术创新的"溢出效应"是技术创新的公共产品特性的重要表现。从实践来看，技术创新的溢出主要是通过技术许可、专利技术的公开、公开出版物与各种技术会议、与创新企业雇员的交谈、雇用创新企业的雇员、产品反向工程及独立的 R&D 等渠道来实现。从产业"溢出"情况看，"溢出效应"可以分为：产业内的"溢出效应"和产业间的"溢出效应"。用环境友好型技术创新来改造日益衰退、老化陈旧的传统工业设备、工艺，从而产生新的生产方法和新的工艺，工艺创新对开发新产品、改进原有产品性能和质量、提高产品附加值起着重要作用，其经济重要性不亚于产品创新。通过推行清洁生产技术，突破传统产品生命周期理论的束缚，走全程绿色的道路，以提高资源利用率，为社会提供生态产品，也即把清洁生产的理念、技术和方法贯穿于生产全过程。尽可能采用无毒或者低毒、低害的原料，替代毒性大、危害严重的原料。采用资源利用率高、污染物产生量少的工艺和设备，以更有效降低物耗，使其所消耗的资源量最少，并大量地减少废物和污染物的排放，对生态环境的污染最小，对生产过程中产生的废物和余能等进行综合利用或者循环使用。

7.4　环境友好型技术创新：环境规制与经济发展方式转变结合的纽带

经济发展方式从以依赖自然资源的投入增加和对环境的有害排放的粗放方式转变到资源利用效率提高、对环境的有害排放逐步消除的资源环境集约型方式，关键点在于技术进步。有效的环境政策将刺激企业的技术创新和管理创新（部分学者认为是消除 X—非效率的影响）。从短期来看，严厉的环境保护政策会使企业的成本有所提高，影响企业的竞争力。但从长期来看，由于环境压力的刺激，企业在进行环境投资改造的同时，也在进行技术创新和管理创新等活动，这些因素的共同作用，反而会使企业的竞争力有所提高（Porter，1991）。这一观点随后又被原欧共体（1992），世界银行（1992），巴贝拉和麦康奈尔（Barbera and McConnell，1990），加菲（Jaffe，1995）等人的研究所支持。加菲（Jaffe，1995）认为那些有远见的企业主会看到未来与环境有关的需求在不断增加，从而增加新设备的投资，以提高生产效率。同时，环境压力也促使企业主扩大视野，增加在 R&D 上的投资。巴贝拉和麦康奈尔（1990）认为环境条件改善后，会使当地居民工作的积极性提高，对新投资企业和熟练工人更具有吸引力，可以在市场上以相对较低的价格雇请工人，疾病的减少和工人健康状况的改善，企业的生产成本也会相应降低。这些积极因素的作用会抵消成本增加的不利影响。

我国正处于工业化的阶段，作为国民经济支撑的工业的发展质量与可持续发展的要求尚存在很大的差距。例如，我国单位 GDP 能耗是世界平均水平的 2.65 倍，吨钢可比能耗、火电供电煤耗、水泥综合能耗分别高出世界平均水平 15%、20% 和 24%。2008 年我们消耗了全球 36% 的钢铁、16% 的能源、52% 的水泥，仅创造了全球 7% 的 GDP；传统资源消耗性产业产能过剩突出。2009 年粗钢产能超过 7 亿吨，国内消费量只有 5.3 亿吨，在建仍有几千万吨。水泥总产能达 19.6 亿吨，当年消费量为 13.7 亿吨，在建生产线超过 400 条，新增产能将超过 6 亿吨；而创新能力严重不足，目前，我国仅发明专利就逾百万件，但专利技术转化率不足 1%，专利成果产业化更差。由于缺乏核心技术和自主知识产权，我国企业不得不将每部手机售价的 20%、计算机售价的 30%、数控机床售价的 20% ~ 40%，支付给国外的专利持有者。

改革开放以来，我国对外贸易总量巨大且连续多年出现顺差。过大的贸易顺差不仅造成国际收支严重失衡，引发贸易争端，而且中国还为此付出了巨大的资源和环境代价。首先，由于国内资源税和资源补偿费过低，以及环境污染没有真正计入企业成本，导致资源性产品过度供给，相应地刺激了下游重化工业的过度投资，并且导致高能耗、高污染、资源密集型产品大量出口。这相当于用中国的资源和原材料去补贴国外消费者，同时把大量污染留在国内，造成中国居民福利的净损失。例如，通过对 1999 ~ 2004 年中国纺织行业出口商品的环境影响评估发现，纺织行业出口规模扩大的同时，污染物总量和能源消耗也呈相应的增加趋势。其次，对废弃物贸易的研究发现，许多进口废物在中国处理后，提炼的一些可回收金属，通过中间商又运回到一些发达国家，没有起到补充国内资源需求不足的目的，而仅仅是以污染环境、消耗能源和资源来赚取微薄利润。随着经济全球化的不断深化和中国引入 FDI 规模的不断扩大，FDI 对中国资源和环境造成的负面影响在增大。资料表明，外商投资企业正在向资源消耗型、污染密集型产业集中。1995 年投资于污染密集产业的外商占外商投资企业数的30%左右，到2005年，这一数字上升为84.19%，其中，化工、石化、皮革、印染、电镀、杀虫剂、造纸、采矿和冶金、橡胶、塑料、建筑材料和制药等高污染行业和高耗能行业都成为外商投资的重要方向。与此相比，外资对环境保护能够发挥更为直接作用的环保产业的投资额却不到1亿美元，所占比例不到0.2%。此外，有研究指出，FDI（外商直接投资）也是造成中国东部等地区环境污染和资源耗竭的重要推动因素。由于东部地区环境标准逐渐提高，受到中西部开发战略的推动，外资很可能在西部发展采掘业和制造业，并转移东部地区落后的、被淘汰的行业，最终结果可能是向中西部地区进行变相的"污染转移"。

关于可持续发展，学者提出了三个既有联系有相区别的概念：循环经济、绿色经济以及低碳经济。环境规制政策通过将生产的外部影响内部化，外部负面影响的内部化改变了企业生产要素的相对价格，这种情况下企业的理性决策就是使用替代性投入减少对资源或环境使用或者是提高资源—环境的使用效率。不论是替代性决策还是提高效率的决策都要基于企业的技术进步。环境规制政策通过激励和惩罚的方式诱导企业进行资源节约–环境友好型的技术创新：基于资源循环利用的技术创新、基于绿色经济的技术创新以及基于低碳经济的技术创新。控制环境污染和生态破坏，实现绿色发展，提高可持续发展能力，需要依靠技术创新开发绿色技术——低碳技术、能源清洁化技术、循环经济技术等，发展环保产业。开发这些绿色技术，逐步实现对高排放、高能耗产业和技术的淘汰和替代，是我国走新型工业化道路的重要内容。

7.4.1 环境友好型技术创新与循环经济

以西方发达资本主义国家为代表的自由市场体制以及传统的社会主义国家为代表的计划经济体制，在实现工业化的过程中都经历了以牺牲环境资源为代价来推进工业化的过程。建立传统工业化观念上的工业化过程往往伴随着严重的环境污染和生态破坏，这种模式不但危及人类的健康和安全，而且还会导致经济发展的不可持续。这种发展模式一方面在消耗着大量的资源；另一方面伴随着生产也排放出大量的对环境有害的物质，而这些物质的重复利用率很低。循环经济发展模式的提出就是将生产和消费过程中产生的所谓的"废物"的重新和循环利用，以达到节约资源和保护环境的目的。循环经济的生产观念是建立在充分考虑自然生态系统的承载能力，尽可能地节约自然资源，不断提高自然资源的利用效率，循环使用资源的观念之上。循环经济观要求遵循"3R"原则：资源利用的节约化（reduce）原则，即尽可能少地将自然资源作为投入，而以资本、技术、劳动等资源作为替代，尽可能地利用高科技，尽可能地以知识投入来替代物质投入；产品的再利用（reuse）原则，即尽可能延长产品的使用周期，并通过市场交易的方式或者自我使用的方式将延长产品的使用；废弃物的再循环（recycle）原则，即通过废弃物的无害化和有利化处理，对废弃物进行重新利用。同时，在生产中还要求尽可能地利用可循环再生的资源替代不可再生资源，如利用太阳能、风能和农家肥等，使生产合理地依托在自然生态循环之上，尽可能地利用高科技，尽可能地以知识投入来替代物质投入，以达到经济、社会与生态的和谐统一，使人类在良好的环境中生产生活，真正全面提高人民生活质量。

循环经济模式从资源利用的技术层面来看，主要是从资源的高效利用、循环利用和废弃物的无害化处理三条技术路径去实现。

①通过环境友好型技术创新提高资源的利用效率。依靠科技进步和制度创新，提高资源的利用水平和单位要素的产出率。比如，在农业生产领域，一是通过制度创新为土地、水资源、能源等的利用提供节约、集约使用的激励；二是通过诱发性的技术创新提高自然资源的产出效率；如，通过改进灌溉方式和挖掘农艺节水等措施，实现种植节水；三是通过对资源质量改善的投资提高农业资源的持续力和承载力。如，通过秸秆还田、测土配方科学施肥等先进实用手段，改善土壤有机质以及氮、磷、钾元素等农作物高效生长所需条件，改良土壤肥力。对于工业生产领域是通过一系列的"高"与"低"、"新"与"旧"的替代、替换来实现的。即，通过高效管理和生产技术替代低效管理和生产技术、高质能源替代低质能源、高性能设备替代低性能设备、高功能材料替代低功能材料，高层工业建筑替代低层工业建筑等来促进资源的利用效率提高。另外，围绕资源的合理利用，在一些生产环节用余热利用、中水回用，零部件和设备修理和再制造，以及废金属、废塑料、废纸张、废橡胶等可再生资源替代原生资源、再生材料替代原生材料等资源化利用等以"低"替"高"、"旧"代"新"的合理替代，实现资源的使用效率提高。对于能源开发企业，要加快淘汰高能耗工艺、技术、设备和产品，大力发展低能耗、高附加值的高新技术产业，推广节能技术的应用，

强化节能管理。在生活消费领域，提倡节约资源的生活方式，推广节能、节水用具。节约资源的生活方式不是要削减必要的生活消费，而是要克服浪费资源的不良行为，减少不必要的资源消耗。

②促进资源的循环利用。通过构筑资源循环利用产业链，建立起生产和生活中可再生利用资源的循环利用通道，达到资源的有效利用，减少向自然资源的索取，在与自然和谐循环中促进经济社会的发展。① 如在城建设中应提高工业废水处理能力，实施园区工业废水集中处理工程，建设循环经济产业链，提高工业用水重复利用率。促进资源的循环利用的关键在于建立有效的制度性激励和惩罚机制。如对于废旧家电的回收处理以及循环利用，建立其消费者、家电生产者、销售者和废旧电器回收处理者的责任制等激励机制；对于循环利用、低害化、无害化处理环节进行适当的财政补贴以及建立产业基金制度等；建立起规范的废旧产品和资源、能源的回收、交易、在处理市场，并且进行监管。

③推进废弃物的无害化处理和排放。无害化的处理和排放的制度基础在于建立起应该为有害化排放买单的制度，严格实行"谁污染谁负责"的政策。并可以尝试用市场的方式来激励排放和减少排放，对于减少的量可以通过市场的方式进行交易，以达到诱导企业采用技术创新的方式减少排放。对于一些适用性的技术，政府可以通过技术推广的方式，降低企业采用新技术的成本来实现技术更新，并对这些技术的采用者提供财政性的支持。如推广废弃物排放减量化和清洁生产技术，应用燃煤锅炉的除尘脱硫脱硝技术，工业废油、废水及有机固体的分解、生化处理、焚烧处理等无害化处理，大力降低工业生产过程中的废气、废液和固体废弃物的产生量。扩大清洁能源的应用比例，降低能源生产和使用的有害物质排放。

---

① 如在工业生产领域，以生产集中区域为重点区域，以工业副产品、废弃物、余热余能、废水等资源为载体，加强不同产业之间建立纵向、横向产业链接，促进资源的循环利用、再生利用。如围绕能源，实施热电联产、区域集中供热工程，开发余热余能利用、有机废弃物的能量回收，形成多种方式的能源梯级利用产业链；围绕废水，建设再生水制造和供水网络工程，合理组织废水的串级使用，形成水资源的重复利用产业链；围绕废旧物资和副产品，建立延伸产业条条，可再生资源的再生加工链条、废弃物综合利用链条以及设备和零部件的修复翻新加工链条，构筑可再生、可利用资源的综合利用链。在生活和服务业领域，重点是构建生活废旧物质回收网络，充分发挥商贸服务业的流通功能，对生产生活中的二手产品、废旧物资或废弃物进行收集和回收，提高这些资源再回到生产环节的概率，促进资源的再利用或资源化。

7.4.2　环境友好型技术创新与绿色经济

"绿色经济"一词源自英国环境经济学家皮尔斯于 1989 年出版的《绿色经济蓝图》一书。绿色经济发展模式是建立在以下的理念之上：即经济的发展必须是自然环境和人类自身可以承受的，而不能盲目追求生产增长导致社会分裂和生态危机，从而使经济的发展失去可持续的资源环境基础。绿色经济发展模式的倡导者主张经济的发展要考虑社会及其生态条件，建立一种"可承受的经济"。在绿色经济模式下，环保技术、清洁生产工艺等众多有益于环境的技术被转化为生产力，通过有益于环境或与环境无对抗的经济行为，实现经济的可持续发展。

发展绿色经济，可以引起工业社会发生巨大的变革：一是生产领域中，工业社会以最大化地提高社会劳动生产率、促进经济增长为中心的"资源—产品—污染排放"的生产方式将转变为以提高自然资源的利用率、消除或减少环境污染为中心的可持续发展生产方式，加重了生产者的环境保护责任；二是在流通领域内改革工业社会所奉行的自由贸易原则，实行附加环境保护义务的自由贸易，控制和禁止污染源的转移；三是转变消费观念，引导和推动绿色消费。按照"减量化、再利用、资源化"的原则和循环经济发展的理念，在产业设计、生产、运行、管理各个过程中，从提高资源利用效率、能源梯级利用率、水循环利用率和固体废弃物综合利用率等各个方面入手，加快淘汰高能耗工艺、技术、设备和产品，大力发展低能耗、高附加值的高新技术产业。如在资源开采方面，应加大资源开发监管力度，推广"绿色开采"技术，合理利用和回收矿产资源，减少矿床开采过程中的损失率、贫化率；坚持保护环境和污染防治并举，开发与保护并重。同时，要加强对耕地的保护，积极应对干旱、洪涝等自然灾害，治理土地沙化，减少农用化学药物对耕地的污染。

绿色经济是在生产经营过程中解决环境问题，实现经济可持续增长的制度创新，它与技术创新具有密不可分的关系。绿色经济所需要的社会技术创新，主要表现在如下两个方面：一是对传统经济技术改造与创新，包括资源削减技术、再循环技术、无害化技术等，减少自然资源的利用和废弃物的排放，提高资源的利用率，从资源密集型企业转变为技术密集型、环保型企业；二是节约资源的高新技术，通过产业结构的不断优化升级，实现智力资源对环境物质资源的替代和经济活动的知识化、生态化转向，培育和发展科技含量高、经济效益好、资源消耗低、环境污染小、人力资源得到充分发挥的新型工业企业，推动经济的持续增长。

7.4.3　环境友好型技术创新与低碳经济

低碳经济，是指在可持续发展理念指导下，通过技术创新、制度创新、产业转型、新能源开发等多种手段，尽可能地减少煤炭石油等高碳能源消耗，减少温室气体排放，达到经济社会发展与生态环境保护"双赢"的一种经济发展形态。低碳经济有两个基本点：其一，它是包括生产、交换、分配、消费在内的社会再生产全过程的经济活动低碳化，把二氧化碳排放量尽可能减少到最低限度乃至零排放，获得最大的生态经济效益；其二，它是包括生产、交换、分配、消费在内的社会再生产全过程的能源消费生态化，形成低碳能源和无碳能源的国民经济体系，保证生态经济社会有机整体的清洁发展、绿色发展、可持续发展。

我国经济发展目前明显存在着"高碳"特征。一是"富煤、少气、缺油"的资源条件，决定了中国能源结构以煤为主，低碳能源资源的选择有限。电力中，水电占比只有 20% 左右，火电占比达 77% 以上，"高碳"占绝对的统治地位。据计算，每燃烧一吨煤炭会产生 4.12 吨的二氧化碳气体，比石油和天然气每吨多 30% 和 70%，而据估算，未来 20 年中国能源部门电力投资将达 1.8 万亿美元。火电的大规模发展对环境的威胁，不可忽视；二是我国经济的主体是第二产业，这决定了能源消费的主要部门是工业，而工业生产技术水平落后，又加重了中国经济的高碳特征。资料显示，1993 ~ 2005 年，中国工业能源消费年均增长 5.8%，工业能源消费占能源消费总量约 70%。采掘、钢铁、建材水泥、电力等高耗能工业行业，2005 年能源消费量占了工业能源消费的 64.4%。调整经济结构，提升工业生产技术和能源利用水平，是一个重大课题。

作为发展中国家，中国经济由"高碳"向"低碳"转变的最大制约，是整体科技水平落后，技术研发能力有限。尽管《联合国气候变化框架公约》规定，发达国家有义务向发展中国家提供技术转让，但实际情况与之相去甚远，中国不得不主要依靠商业渠道引进。据估计，以 2006 年的 GDP 计算，中国由高碳经济向低碳经济转变，年需资金 250 亿美元。这样一个巨额投入，显然是尚不富裕的发展中国家的沉重负担。我国政府提出到 2020 年，我国单位 GDP 的碳排放比 2005 年下降 40% ~45%，作为约束性指标纳入国民经济和社会发展中长期规划，并制定相应的国内统计、监测、考核办法。

长期以来，我国不少地区一直单纯强调 GDP 的增长，如今减排目标公布后，这种局面就需要在短时间内得到有效控制，由此也需要新能源行业更快地发展与成熟。现在国家正在制定新能源行业的振兴规划，规划将全面提升和发展新能源行业，包括创新能力和产业应用。中国已经形成了比较完整的风电、太阳能产业链，形成了产业的群体，与此相对应，传统行业的既有发展模式将遭到严峻挑战。除了传统的钢铁、水泥、电力、铝业等排放大户外，航空业也将可能遭受挑战。鉴于全球航空业每年大约排放 6.5 亿吨二氧化碳的现实，欧盟已经做出规定，在 2012 年以前，所有进出欧盟市场的全球 2000 多家航空公司都必须承担减排责任。这意味着包括国航、东航、南航在内的 11 家拥有欧洲航线的国内航空公司都将付出巨额成本。

目前，我国产业链的价值分布是向资源型企业倾斜的，低碳经济的发展将改变这一分布：首先是缩短能源、汽车、钢铁、交通、化工、建材等高碳产业所引申出来的产业链条，把这些产业的上、下游产业"低碳化"；其次是调整高碳产业结构，逐步降低高碳产业特别是"重化工业"在整个国民经济中的比重，推进产业和产品向利润曲线两端延伸：向前端延伸，从生态设计入手形成自主知识产权；向后端延伸，形成品牌与销售网络，提高核心竞争力，最终使国民经济的产业结构逐步趋向低碳经济的标准。积极探索发展低碳经济市场模式，利用市场力量实现环境保护的目标。通过市场交易模式形成新的环保经济产业链，综合利用合同能源管理和低碳指标评价体系等措施。同时，要推进全球碳交易市场的发展。历史经验已经表明，如果没有市场机制的引入，仅仅通过企业和个人的自愿或强制行为是无法达到减排目标的。碳交易市场从资本的层面入手，通过划分环境容量，对温室气体排放权进行定义，延伸出碳资产这一新型的资本类型，而碳市场的存在则为碳资产的定价和流通创造了条件。碳交易将金融资本和实体经济连通起来，通过金融资本的力量引导实体经济的发展，因此它本质上是发展低碳经济的动力机制和运行机制，是虚拟经济与实体经济的有机结合，代表了未来世界经济的发展方向。

第 8 章

环境规制与经济协调
发展的战略对策

实现可持续的经济发展，一是要转变经济发展的方式；二是要进行经济结构的调整，这两个目标的实现都要依赖于环境友好型的技术创新。环境友好型的技术创新一般可以是生产者主动自发的技术创新，也可能是基于政策诱导的结果。本书就是从环境规制政策诱导节约资源和减少对环境的有害排放的技术创新，进而促进可持续的经济发展这一方面进行论述的。改革开放以来，虽然我国环境规制政策有了很大改进，在促进我国经济发展方式转型方面起到了一定的作用，但是我国到目前为止还没有从根本上改变传统的以粗放型增长为主的经济发展方式，环境和资源对我国实现可持续经济发展的约束日益明显。因此我国的环境规制政策需要在新的形势下进一步加以健全和完善。本部分基于促进环境友好型技术创新、推动经济发展方式转变、实现经济可持续发展的角度来论述应该如何完善我国的环境规制政策。

8.1 环境污染问题：经济发展方式与市场失灵

环境问题简单地讲就是在经济快速发展的过程中，出现了对于可耗竭性的自然资源和环境的过度利用，从而使得经济发展日益受到自然资源和环境的约束而不具有可持续性。环境和资源的过度利用不仅会对经济的发展产生负面影响，而且从更大的维持整个地球的生态—循环系统来看，都具有不可估量的负面效果。环境问题的产生以及人们对该问题的深刻认识以及到积极寻求解决方案，大致上是开始于市场经济的发展以及以城市化和工业化为标志的现代化进程。现代化的过程可以说是人类利用自然资源不断满足自身需要、人类不断向自然索取的过程。这种关系一方面随着人类利用自然技术的进步加大了对自然资源和环境的开发和利用程度和效率，但是另一方面在资源可耗竭和环境容纳能力有限的情况下，人类的经济增长反过来受到了严重的制约。

在资源有限的条件下，人类解决经济问题的方式包括市场经济方式和计划经济方式。从实践上来看，不论计划经济还是市场经济方式都有着内在的缺陷，而计划经济的方式在实践的结果上看可能面临更大的问题，这是因为计划经济体制不能很好地解决信息和激励的问题，虽然市场经济方式同样也面临着激励和信息的问题。从解决环境问题的有效性上看，社会主义国家实践过的计划经济模式并不比资本主义国家实践的市场经济模式能够更好地解决环境问题。反而是因为主要的社会主义国家是在经济落后的基础上建立起来的，发展经济的任务十分迫切，赶超发达资本主义的经济发展战略实施的结果是消耗资源和破坏环境的粗放式经济增长。而市场经济国家在经历了现代化之后，发现资源和环境的约束对经济增长的负面作用越来越强，如果不采取合理的措施来弥补市场在解决环境问题上的缺陷，经济增长终究会停止。经济必须增长，但是环境资源问题也要解决，因此可持续经济发展方式被提出来，可持续经济增长的构想能否实现关键是看人们能否制定和实施合理的环境政策。

改革开放以后，我国朝着逐步建立和完善社会主义市场经济体制迈进。而起源于西方经济学传统的资源环境经济学也是建立在发达资本主义社会的市场经济体制实践的基础之上，对于环境资源问题产生的根源以及解决办法的普遍观点就是，资源环境问题产生于市场调解的失灵，解决的办法是通过政策弥补市场失灵。

8.1.1　资源环境问题的实质：资源环境的相对短缺与经济发展方式

西方经济学家以市场经济作为资源配置的"自然规律"来思考经济问题显然是有局限性的，如果说资源环境问题产生于市场失灵，那么在传统的实行计划经济体制的国家就不会产生资源环境问题了吗？实际上，资源环境问题的产生不仅在市场经济体制国家，而且在传统的计划经济体制国家同样存在。因此资源环境问题的根源不在于经济体制，而在于更为根本的原因。经济体制只是解决经济问题，包括资源环境问题的一种方法，从实践来看两种方法都不是十全十美的。

环境资源问题之所以产生是与现代化的经济发展模式相联系的，并且有两个层面的表现。起源于西方的现代化模式是以功利主义的价值观为基础，这种功利主义又是建立在个人主义的伦理基础之上，个人的功利主义原则则是以个人利益最大化为行动的目标，一个人利益最大化的行为模式使得个人在使用资源的时候不去关心他人的利益——虽然其他人的利己行为能够在一定程度上对完全自利行为进行限制。其他人的利益不仅包括与之相关联的现代人的利益，而且包括下一代人的利益。因此环境资源问题一方面表现为当代人之间因为利用资源而产生的相互影响；另一方面表现为当代人与后代人在资源利用方面的利益冲突。个人在追求自身利益时不考虑当代他人的利益，不在于其动机的不善，而是在于对他人造成的损害可以不用承担责任，也就是在于资源配置机制的缺陷。而当代人利用资源对后代人造成的负面损害，后代人更是没有能力去对当代人加以限制，解决环境资源问题的最大难点就在于此。从实践上看，不论是基于市场机制的西方社会的发展模式还是基于计划经济的社会主义发展模式或者是两者综合的发展模式，都没有解决当代人与后代人之间的资源环境代际间有效公平分配的问题。

传统的经济发展模式之所以会导致环境资源问题核心不在于马尔萨斯等古典经济学家所担心的人口的增长和要素边际生产力下降之间的矛盾——这个矛盾在一定程度上为技术的进步所缓解，而是在于现代人的发展会以牺牲后代人利益的方式进行，而所谓的后代人就是不能在当代表达利益诉求的人。另一个与环境资源利用相关的问题是资源利用的效率和公平问题。效率和公平从来都不是统一于所有人的。对一部分人来讲是有效率的也是公平的，但是对另一部分人来讲就是非效率的也是不公平的。资源环境问题也是如此。也就是说，资源环境利用中的利益分配和成本的承担可能是不对等的，对一部分人来讲资源利用和环境的损害会带来收益，但是资源利用和环境的损失则为另一部分人所承担。

很显然，如何解决当代人之间、当代人与后代人之间在资源利用上产生的相互影响以及效率和公平问题是资源环境配置的首要问题，而该问题的产生最为根本的是现代化的经济发展方式，不论这种经济发展方式是基于市场经济还是计划经济还是其他。因此解决资源环境问题的根本在于经济发展理念和经济发展方式的转变。

8.1.2　资源环境问题与基于市场的解决办法

西方经济学关于市场配置资源的效率问题的研究，遇到了经济主体之间的行为会对对方或者第三人产生积极或者消极效果的问题，在这种情况下，以个人利益最大化的经济主体，如果不考虑自身行为对他之外主体的影响时，其结果就不是效率最优的。也就是说，在这种情况下个人的最大化利益不会与社会的最大化利益相一致。马歇尔、庇古等新古典经济学家将这种影响称为外部性。科斯对外部性的分析开创了产权研究的新视角，外部性的存在被看成因为产权界定和交易存在成本（交易成本），因而外部性是不能完全消除的，因为消除外部性无论是通过产权界定和交易还是通过政府管制、税收的方式都是需要付出成本的，究竟采取哪种方式，要看收益和成本的比较。对存在于公共领域内的资源，如果不对使用的权利加以约束，稀缺资源将会被过度使用。如果资源价格上涨，资源产权界定的收益就会增加，因此通过资源产权的界定就可以将外部影响内部化；或者通过对相互影响资源效用的双方的资源权利重新进行组合，如进行一体化、长期或短期契约、权利转让等，就会将外部影响内部化。这样，资源使用的社会成本和私人成本将会趋于一致。

新古典经济学家提出外部性的观念来解释市场在有效配置资源时遇到的困难，要达到资源的有效配置，就需要通过另外一只手对资源的配置进行干预，以弥补或者矫正市场之手的缺陷。科斯更进一步，将外部性的产生归结于产权界定的不清或者根本就不能界定（界定成本太高），在这种情况下生产的制度结构就会发生作用，起到配置资源的作用。但是传统经济学所提出的通过政府干预的外部强制的办法使得外部影响内部化的思路显然是过于狭窄，在资源使用过程中，如果界定相互影响的权利和收益（损失）的成本如果相对于界定的收益来说相对低下，那么通过权益的界定和交换的市场方式就可以解决外部性的问题。明确界定交易双方的权益的障碍主要是来自于产权界定的成本，也就是交易的成本。交易成本主要来源于交易物品的特殊属性而带来的对物品数量和品质的衡量成本、物品生产和使用过程中对外部影响的形式和大小、市场内生的不确定性而导致的对影响估计的不确定、交易主体的有限理性、交易过程中和加以之后的协商、调整、监督和纠纷处理的成本。这些成本在新古典经济学家的市场交易之中是不存在的，或者是被认为不重要的，或者是可以通过市场的方式来解决的。市场交易中的信息不对称以及由此带来激励问题而产生的交易成本是市场不能有效解决环境资源问题的根源。信息的不对称也造成了市场交易主体之间地位的不平等，因而市场也不能解决环境资源问题中的公平问题。

在资源配置的市场体制中，资源环境问题能否得到有效的解决，不论从理论上还是从实践上的答案都是否定的。市场配置资源的方式从促进经济增长和有效利用资源上来说在一定程度上是有效的，但是市场机制内部特有的缺陷则是资源环境问题进一步严峻的原因。以市场的方式来协调生产、交换、分配和消费并不是根植于人类社会解决发展问题的始末，市场的方式毋宁是一种与现代化同步的过程，起始于人类的功利主义价值观，也就是通过对外部资源和环境的索取而解决自身物质福利问题的探索，而这种利用自然以满足人类自身需要的方式，一直伴随着资源环境的约束，虽然技术进步在一定程度上缓解了这个问题。

8.2 环境规制政策面临的困难：政府失灵

市场经济体制下，因为信息的不对称、不确定性以及由此产生的市场协调成本问题导致了市场方式在解决资源环境问题上的市场失灵。政府通过环境规制来解决资源环境配置中的效率和公平问题成为市场方式的一种补充，但是政府在制定、实施政策过程中也面临着同样的问题。一是政府与一般的经济主体一样也具有独立的目标，其决策同样面临着信息的问题——决策时面临着信息的不完全和信息的不对称；二是政府政策的制定和实施是一个委托代理问题，作为政策制定和实施的各级政府，以及政府与规制的微观主体之间是一种多重委托代理关系，而作为能动的代理人具有自身的目标和掌握的特殊信息，因此政府的政策在实施过程中会出现代理人的逆向选择和败德行为；三是政府的环境规制政策的制定和实施可能成为一些利益集团为了实现自己利益的工具，而被"俘获"。这种俘获不论从效率上还是从公平上来讲都可能造成政策的失效。基于以上的原因，政府环境规制政策的制定和实施同样面临着制度成本的问题，制度成本的存在是政府环境规制政策失灵的根源。

从我国的环境规制政策的制定和实施的环境友好型技术创新以及经济可持续发展战略的推进来看，具体讲我国政府环境规制政策的失灵主要来自以下两方面：一是中央政府和地方政府的不规则博弈，二是作为规制者的政府和规制对象之间的博弈。

8.2.1　环境规制政策有效性不足：中央政府与地方政府不规则博弈

中央政府和地方政府的非规则性博弈，导致了环境规制政策在地方实施的有效性不足。改革开放以后，各级政府在推动我国经济增长方面起到了相当重大的作用，中央政府对地方政府的经济目标的考核和激励成为地方各级政府推动本地区经济增长的首要目标。中央政府和地方政府之间博弈以及地方政府之间的"晋升锦标赛"成为我国经济增长的特色。各级政府一方面承担着推动刺激当地经济增长的责任；另一方面又是中央政府环境规制政策的具体实施者，这两者明显在地方政府的身上存在着冲突。在我国国民经济考核体系下，经济增长对于环境的破坏和资源的消耗并没有反映在其中。因此，在这种双重委托代理机制中，经济增长的速度就成为地方政府追求的首要目标，而对于环境规制政策的执行就成为一个次要的目标。长期以来我国中央政府和地方政府在处理关系中形成了一些"潜规则"——就是指央地政府的某些部门或个人在公务活动中通过长期的利害计算和趋利避害抉择形成的关于公权力运用和公共利益处置方式的非正式约定。[①] 地方政府领导会抱着"先污染、后治理"的错误观念不放，不顾当地的资源禀赋、环境容量以及国家发展规划和产业政策，拼命扩大投资和招商引资规模，对引进高耗能高污染的项目也在所不顾。地方保护主义也是导致国家的法律法规执行不力的重要原因。一些基层地方政府出台了名目繁多的"土政策"，降低环保门槛招商引资，有的甚至为企业挂免检保护牌挡住环境监察执法人员进行现场检查，为污染企业大开绿灯，不惜充当污染企业的保护伞，对于触犯环保法律法规的责任人则百般庇护。以造纸行业为例，中国现行造纸行业排放标准只相当于 20 世纪 90 年代的世界平均水平，与发达国家相比还存在较大

---

① 郭剑鸣．相机授权体制下我国央地关系中的潜规则现象及其矫治——兼谈分税制后"驻京办"问题的实质［J］．浙江社会科学，2010（6）.

差距，大部分企业吨桨综合取水量高出国际先进水平一倍，达到世界平均规
模的企业仅占中国造纸企业总数的 2％。尽管在不少地方造纸业 GDP 贡献率
不足 5％，COD 贡献率往往超过 50％，但由于进入门槛低，地方政府仍趋
之若鹜。部分工业园区已经成为环境执法的"飞地"，成了国家明令淘汰和
禁止项目的避难所。有的地方对那些高污染、高耗能企业大开绿灯，实行特
殊保护、优惠政策，使一些"工业园区"成为不执行国家污染物排放标准
的"藏污纳垢区"。地方政府之所以能够对中央的政策在执行中"跑偏"也
与政府事权的界定不清有着密切的关系。一是政府事权界定存在一定的
"内外不清"，一些可以由市场配置而存在"寻租"利益的职能往往由政府
掌控，而一些应该由政府公共财政承担的基本公共服务职能，又往往在
"市场化改革"的旗帜下没有得到有效的履行，政府往往通过"市场机制"
给钱，对市场失灵、政策失灵的问题没有引起足够重视。二是各级政府事权
分配缺乏明确的划分。《环境保护法》原则上对中央和地方政府的环境保护
职责范围作出了规定，但没有可以具体操作的环境事权划分方案，实际中各
级政府的环境事权并没有明显的区别，导致最终谁也不对环境保护负责。三
是中央、地方财税分配体制与中央、地方政府环境事权分配体制反差较大。
现行财税体制下纵向和横向不平衡加剧，事权不明晰形成的财权重心上移、
事权重心下移、地方事权财权不匹配，环保事权过多地由地方政府承担，这
些无疑又为减排工作的推进增加了难度。由于政府的横向与纵向条块关系，
地方的环境管理常常受到当地领导的干涉。省级或地方政府向本级环境保护
机构提供资金支持并监督其工作。地方环境保护机构缺乏充分的财力资
源，① 不能充分完成自己的职责，这加剧了日益剧增的环境影响。有些环保

———

　　① 环境污染治理投资存在总量偏小、口径偏泛、效率不高、政府导向不够等问题，适应不了
污染减排目标的新要求。资金投入已经是目前实现污染减排目标的最主要限制性因素之一。投入不
到位则造成通过数字游戏而完成污染减排。"十五"期间，中国政府不断加大对环境保护的资金投
入力度，中央财政对环境保护累计投入 680 多亿元，但资金投入总量和方向上与环境治理需求难以
匹配。"十五"期间，列入国家计划的 2130 项治污工程，完成 1378 项，仅占总数的 65％，完成投
资 864 亿元，占总投资的 53％。三河、三湖等重点流域和地区的治理任务只完成计划目标的 60％左
右。脱硫项目建设滞后于总量控制要求，计划要求削减 105 万吨二氧化硫的任务只完成约 70％，资
金投入不足，政策支持不够、不配套，治污工程落实程度偏低，才导致了"十五"环境保护目标落
空。"十一五"期间，以污染减排为表征，治污投资需求量将会远大于"十五"期间。依据国家
"十一五"环保规划目标、任务和重点工程规划，估算"十一五"环境污染治理投资需求约为
15300 亿元，约占同期 GDP 的 1.35％（比"十五"提高 0.16 个百分点），约占全社会固定资产投资
总规模的 3.06％（比"十五"提高 0.26 个百分点）。2006 年，按中国统计口径上的环保（接下页）

局依然间接依靠征收排污费解决办公费用。这一现实使得环保局有允许企业排污的倾向、为他们提供收取排污费的机会。

中国环境与发展国际合作委员会 2006 年完成的"中国环境执政能力研究"课题认为，政策有效性不足，执法不力，是中国现在很多资源与环境问题久拖不决的症结所在。[①]"政策有效性不足"指的是中央政策效力的逐级递减直至完全丧失。具体来说就是中央政府从全社会利益考虑，为了保持社会稳定与经济的长期可持续增长，将转变增长方式和环境保护作为治本之策，而地方政府为了获取自己的独立利益而不惜以"上有政策下有对策"进行软对抗。既然地方官无视中央政府产业结构调整政策追求粗放增长的做法得不到制裁，对他们来说，最"实惠"的选择就是努力以骄人的经济增长成绩赢得个人政治利益和地方的眼前经济利益。最近发布的环境管理绩效指标（EPI）对 166 个国家环境质量和政策绩效进行了排名，其中中国排名第 94 位，低于世界发达国家和许多其他发展中国家（参见耶鲁大学环境法律中心和 CIESIN：环境管理绩效指标，2006）。更有甚者，中国不仅仅是目前仅次于美国的全球第二大温室气体排放国；由于一系列地理、社会和气候条件的因素，预计气候变化将使中国受到的损失比其他国家更为严重，种种威胁的存在迫切要求采取紧急有效的环境治理措施。

（接上页）投资占 GDP 的比例仅为 1.23%，比前两年下降幅度不小，显然不可能达到"不欠新账、多还旧账"的要求。当前，污染减排投资还存在巨大缺口，尤其是政府资金没有到位。需要中央政府落实的 1500 亿元资金，按照现有渠道仅落实了 350 亿元，国家尚未建立预算内环境保护专项资金，不少地方环境保护"211"财政科目还存在"有渠无水"的统计归集状态，还解决不了投入渠道的问题，大量污染减排项目需要政府投资落实并尽快投入。国家"十一五"环保规划中，占环保总投资需求45% 的 6900 亿元都需要企业自行筹措，但目前对于企业而言没有可行的资金筹措渠道，企业投资难以保证。一是企业单纯的环保治污项目没有吸纳其他资金的条件，向银行贷款融资也很难。污染严重的企业，往往是经营不善、经济效益不好的企业，又常常面临更艰巨的减排任务，这样企业就陷入了"想治理没资金难贷款"的被动局面。二是 1994 年规定的企业治污资金渠道中，企业更新改造资金中可提取 7% 作为环保技改资金、允许企业把开始 5 年内综合利用利润交财政部分留在企业治理污染的政策等现在已经无任何实际意义，旧的投资渠道和政策已经失效，新的财税体制下新的投资渠道、激励政策、配套措施尚未建立。——《实现"十一五"环境目标政策机制研究》课题组报告，中国环境与发展国际合作委员会网站 http://www.china.com.cn/tech/zhuanti/wyh/2008-02/26/content_10749001.htm.

① 该课题研究发现，中国在环境治理能力方面面临的首要挑战是国家环境保护总局在政策规划、实施以及与相关机构协调方面的行政权力与能力不足；第二个主要挑战来自于目前的"反应式"而不是"预防式"的政策实践——很多政策只是应对污染问题而不是积极防止问题的发生，从而使得这些政策在限制污染问题的程度与范围以及自然资源破坏方面的效果有限；第三个主要挑战是如何建立社会各方面及公众参与的环保政策制定、执行、监测以及评估诸多方面的体系。

8.2.2 环境规制政策有效性不足：规制者与被规制者的博弈

在环境规制过程中，规制者（中央政府和各级地方政府）和被规制者（排污企业）之间存在较大的信息不对称现象。规制者对被规制者的企业内部情况（如生产成本、管理成本、污染治理成本、污染设备运行成本等等）所知甚少，而被规制者对规制者的政策目标的高低、规制力度和决心的大小等方面的信息显得非常匮乏。规制者对被规制者的处罚额度或治污补贴的运用不当，可能使一些企业的受罚成本远远低于治污成本，甚至从规制者手中谋取一定的利益，导致环境规制中的逆向选择行为。当环境违规成本过低，会降低污染企业对环境规制的遵从程度，而信息不称则对环境规制遵从有着"双向"作用，即既可能增加企业的机会主义行为，也可能由于声誉机制效应促进企业对环境规制的遵从和超越规制遵从。中国的电解铝行业就是一个很好的例子。过去几年中，政府采取了很多措施控制该行业投资过快增长，行业已经出现投资过剩和产能过剩的迹象。但是，直到2007年10月，该行业的投资还是由政府补贴，政府为少数生产厂提供优惠电力。由于电力占到该行业生产成本的40%，这种补贴事实上刺激了行业的不断扩大。

中小企业的环境污染治理成为我国环境治理的难点。发展中国家中小企业的污染治理，是一个世界性的难题。与发达国家相比，发展中国家的中小企业缺乏先进的技术，政府的监督控制能力弱，有关环境管理方面的法律法规也不健全。随着中小企业在国民经济中所占比重的提高，中小企业在工业污染排放中所占的比重也相应有所上升。小型企业自身的性质决定了其可利用的资源（包括管理资源和资金）不多，中小企业的污染排放已经成为工业领域越来越重要的污染来源。例如，我国的水泥企业十分分散，其特点是，其中占很大比例（近85%）的企业是分布于村镇的小型立窑生产厂，只有少数现代化的回转窑企业，采用了现代化"干法"流程。这些水泥厂采用落后的生产工艺，实际上几乎完全没有环境控制设施，自然也没有采用现代化粉尘和其他排放物的控制技术。中国的制浆与造纸行业的问题是仍旧存在许多主要以农作物秸秆为原料的小工厂，缺乏规模效益，不能采用那些可以显著减少对环境污染和提高工作场所安全性的现代工艺技术。李胜文等估算了 1986～2007 年中国及各省份的环境效率①——环境效率是生产过程中潜在可实现的最少污染排放量与实际污染排放量之比，企业能否提高环境效率取决于环保投入的产出水平——发现中国的环境效率水平较低，平均仅为 0.141，还有很大的改善空间，同期环境效率出现缓慢增长，说明中国在经济发展过程中并没有重视环境保护，经济发展明显优于环境保护。②

8.3　转变经济发展战略是实施环境规制政策的基础

　　对我国环境资源政策有效性研究的一般结论是，我国环境政策不论从制定上还是实施上来看有效性是不足的。环境资源政策如果要能够有效地引导政府和微观主体进行技术创新，实现资源节约和环境友好型的经济增长，那么环境资源政策本身必须是有效的，也就是能够对政府和微观经济主体形成有效的激励。虽然我国环境资源政策有效性不足也具有具体政策制定和实施上的缺陷，但是我国环境资源政策有效性不足的根本原因在于我国经济发展战略的定位，也就是我国改革开放以来的经济发展战略已经不能为环境资源政策的有效实施提供一个坚实的经济基础。污染减排目标的实现不可能脱离GDP、能耗、水耗、技术进步、产业结构等经济运行各要素孤立存在。污染减排也不是制约发展，而是引导实现可持续的社会经济发展、增强发展的协调性。粗放的经济发展模式必须通过总量控制得以实现转型，污染减排目标的最终实现也必须以转变经济发展方式为前提条件。因此转变经济发展战略成为环境规制政策有效性的基础。

　　各级政府对经济发展的推动既是我国经济发展的重要来源，也是我国环境资源政策实施低效的根源，因为经济发展和环境保护对于各级政府来说是相互冲突的，因此要实现可持续发展必须转变对各级政府的激励方式。为加快战略转型，政府应大力解决现有环保体系中紧迫问题：一是环境法律和政策执行不力，二是环境部门履行职责的能力严重不足。

---

　　① 环境效率高表示现有技术条件下污染物可减少的程度比较低，此时只有通过进一步提高技术水平才能更大幅度地减少污染物排放；环境效率低表示即使不提高技术水平，也可以通过充分利用现有技术大幅度减少污染物的排放，从而改善环境质量。
　　② 李胜文，李新春，杨学儒. 中国的环境效率与环境管制——基于 1986～2007 年省级水平的估算 [J]. 财经研究，2010，(2).

8.3.1 建立完善的资源环境经济核算体系

衡量经济发展状况的主要指标是国内生产总值（GDP）增长率，近20年来，中国GDP的增长率一直维持在8%以上，恰恰也是在这一时期，中国的环境状况急剧恶化。初步研究表明：同期污染和生态破坏损失占GDP的8%～12%，甚至更高；我国的经济发展基本上是建立在牺牲生态环境的基础之上。地方政府将"发展是硬道理"片面的理解成"GDP是硬道理"，使盲目攀比GDP增长率、只讲发挥资源优势成为普遍现象。根据环境保护法的规定，政府必须对本辖区环境质量负责，进一步落实环境质量行政领导负责制，完善环境保护工作考核机制，重点考核政府任期内环境质量变化情况；推行以绿色GDP作为各级政府领导的政绩考核体系，使各级领导干部牢固树立环境保护观念和忧患意识，使之在决策过程中，自觉地把环境与发展有机地协调起来，不断提高领导层的综合决策水平。将不能如实反映环境与资源代价的GDP引导到考虑经济发展的社会外部成本的绿色GDP上来。如果在不远的将来，各地方政府在统计经济发展情况时，不但计算GDP的增长率，而且估算同期污染和生态破坏带来的经济损失（这是环保部门应该尽快研究并开展的工作），从而综合反映GDP的真实增长实际，注重经济发展的质量，中国就真正走上了可持续发展之路。

资源环境经济核算体系，又称绿色国民经济核算体系、综合环境经济核算体系[①]，是关于资源环境经济核算的一套理论方法。所谓资源环境经济核算，是在原有国民经济核算体系基础上，将资源环境因素纳入其中，通过核算描述资源环境与经济发展之间的关系，提供系统的核算数据，为分析、决策和评价提供依据。资源环境的经济核算体系是在原有核算GDP的基础上，把所耗费的环境资源[②]例如矿产、森林、土地等作为耗减成本进行抵扣，同时把环境的破坏损失如水资源的污染、空气资源的破坏、水土流失等也作为

---

① 联合国有关文献使用的概念是 System of Integrated Environmental and Economic Accounting，简称 SEEA。

② 考虑与国民经济核算的联系，自然资产包括以下3个部分：①来自经济资产、属于生产资产的培育资产，即各种人工培育的动植物资源；②来自经济资产、属于非生产资产的自然资产，土地、森林、水、地下矿藏等自然资源一般会不同程度地包括在内；③未包括在经济资产中的自然资源环境要素，是除了上述两方面认定范围之外的自然资源环境要素。

成本进行抵扣，最后的余额才是资源环境经济核算所考虑的 GDP 指标，即绿色 GDP。但是，由于部分资源的耗费和环境破坏无法用货币进行衡量，因此在绿色 GDP 计算上，很多国家也无法形成一致的意见，但把环境损失和消耗作为衡量经济发展的根本要素各国已达成共识。

资源环境作为自然资产计入经济核算体系，并在耗费后计入当期的环境耗费成本，使得环境的损耗能够全面地在经济发展指标中得以体现，反映了环境与经济发展之间的内在关系。为了全面准确的反映环境因素在经济发展中的作用，政府应发挥其宏观统筹能力，通过有效的制度安排确保核算的全面性和准确性。首先，应完善资源环境统计数据的收集：由于原有的经济核算体系中不考虑环境因素，现有的统计体系、调查方法、制度规范中都没有对资源环境的数据采集进行说明，具体的数据统计过程也不完善，为了更准确全面核实资源环境资产，政府相关部门应对土地、森林、水资源、矿产资源等方面设立广泛的检测站，进行实地监测，获得原始数据，并据此作为核算资源环境经济核算体系的初始环境资产数据；其次，准确核算资源使用成本和环境损耗成本：把资源使用和环境损耗成本计入经济发展成本需要准确计算出价值量，既要考量某时期经济发展消耗的环境资源数量，也要明确资源环境的单位价格，资源数量可以通过统计得出，但环境价格无市场参照，价格的确定需要由政府制定指导价，已有的政府制定的资源指导价只反映了资源开发成本、运输成本和供求关系等，而没有反映出生产对资源的破坏性成本、资源的稀缺性等因素，导致企业由于资源使用成本较低，持续采用粗放型的生产模式，大量廉价使用资源环境，微观层面上看企业利润率较高，宏观层面上看经济增长速度较快，但是建立在资源破坏的基础之上，因此需要政府制定合理的环境资源价格，充分考虑资源消耗成本和环境破坏损耗成本，通过市场机制完善资源环境的经济核算体系；最后，要明确资源环境成本的扣减归属：国内生产总值核算时严格按照归属地进行，是各地方按照本地的产值、成本等指标核算出地方生产总值，最终再汇总为 GDP，但是针对环境资源的损失成本的核算无法照搬这样的方法，比如资源的污染，上游污染后会影响到下游的水资源状况，环境成本的扣除到底应该作为哪个省份的生产成本则无法界定，大气污染的区域范围的界定则更加困难，因此资源环境成本归属地的界定区域范围明确的则直接计入该地区环境成本，地区范围无法分割的则需汇总后计入整体成本，或者以资源环境作为计量范围以便于进行核算和治理，例如水资源污染无法界定时，可以以一条河流的污染成本和治理成本整体计量。

2006 年 9 月 7 日，国家环保总局首次发布了《国民绿色经济核算研究报告》，也被称为"绿色 GDP 报告"，其计算方法是把自然资源使用和环境退化所产生的成本从 GDP 中减出。依据这种方法，中国在 2004 年一年由于环境污染所带来的经济损失达到 5118 亿元人民币，占当年 GDP 的 3.05%。该报告还揭示出环境保护投资的严重匮乏，指出中国需要花费 108 万亿元人民币来清理所有的工业污染物和废旧家用电器，但是实际投资仅为 1900 亿元。

8.3.2　通过制度变革切实转变政府环境治理行为

①遏制政府破坏环境的动机和行为。在环境保护方面，地方政府通常存在"破坏之手""治理之手""庇护之手"的"三手"互搏现象。许多环境污染问题的根源就在于地方政府发展经济的自发冲动和地方保护主义。在目前中国财税体制下，地方政府的政策取向是发展那些能够给地方较快创造较高财政收入的项目，而这些项目恰恰多是高消耗、高污染"双高"行业，这与中央政府正在实施的节能减排战略是相悖的。在中国，地方和中央、局部和全局、短期政绩和长远利益的博弈并不是偶然的，外向型产业结构对污染减排的影响也不容忽视。需要体制性、机制性的变革才能真正遏制经济发展对环境的负面影响。当前，应结合财税体制和政府机构改革，从制度层面上解决"中央大力倡导科学发展观，地方一味追求经济增长"的脱节问题。

②明确污染减排考核的责任主体，切实改变目前经济发展指标和污染减排指标"两张皮"的现象。我国的社会政治体制表明，如果不把环境保护和污染减排作为地方政府的重要考核内容，那么要想转变地方官员的政绩观，全面树立和落实科学发展观是十分困难的。目前不少地区仍把污染减排目标和经济发展目标孤立考虑，依然是一"软"一"硬"，对污染减排的重视大多还落在口头上和红头文件上。应明确污染减排责任在地方政府而不是地方环保部门，完善目标考核与责任机制，尤其需要注意加强行业分解考核，不能形成上级环保部门考核下级环保部门的局面。

③进一步弱化 GDP 在地方党政干部政绩考核中过强的指挥棒作用。构建包含污染减排、环境质量改善等各项指标的科学的、良性的、绿色的地方官员政绩考核指标体系。把节能减排指标作为第一位，预期性的 GDP 增长

必须以确保节能减排指标实现为前提，再不能允许节能减排指标为 GDP 指标让位。完不成节能减排指标的，就应切实压控经济增量。搞准搞实列入干部政绩考核评价体系的环保指标，加大污染减排指标的考核权重。在污染严重地区严格实行污染减排"一票否决"制度。对于国家确定的限制开发和禁止开发地区，取消 GDP 考核的硬性要求。国资委管理的企业带头实施节能减排优先的评价体系。

④政府有关部门应该率先示范。依据各部门在污染减排中的作用，督促中央政府有关部门率先示范，制定可操作的政策支持节能减排，从而更好调动地方政府和企业节能减排积极性，真正形成"全民节能减排"的强力氛围。一些重要政府部门，如发展改革部门在制定与污染减排密切相关的行业（如电力、石油化工、电解铝等行业）发展规划时，应充分考虑产能增加对环境的影响，带头执行《环境影响评价法》；财政部门应利用财政收入稳定增长的有利时机，把新增财政收入的 5% ~10% 用于环境保护和污染减排，充分体现环境保护是公共财政职能的优先领域，在加大污染减排投入同时强化资金减排绩效的监督；建设部门应尽可能使污水管网等基础设施建设与减排目标相一致，真正担负起削减城市污水化学需氧量（COD）排放的责任。

8.4　加强促进经济发展方式转变的环境规制制度创新

随着中国市场经济发展日益完善，经济总量不断扩大，环境与经济发展的矛盾也逐渐凸显出来，虽然出现一些降低污染、减少消耗的手段，但是要从本质上解决矛盾，需要不断加强环境规制制度的创新，通过制度创新进一步促进环境友好型技术创新，推动经济发展方式的转变。本部分从促进环境友好型技术进步和实现可持续发展战略的角度来对我国环境规制政策的完善提出一些具体的建议。

8.4.1　建立环境保护激励的市场机制

（1）明确资源产权界定，建立可持续的资源价格体系
从经济发展的实践以及关于环境资源问题的争论来看，到目前为止起码没有出现悲观主义者所预期的结果，最根本的原因在于市场对于资源环境的配置有着很强的调节功能，集中表现在资源环境的价格（成本）会引导资源的使用者进行资源节约或者环境友好的资源替代或者技术创新的行为。因此，合理的资源环境价格是解决资源环境问题的有效、可行的必要手段。从市场经济运行的角度看，严重的资源破坏和耗竭是市场失灵的表现，即价格机制在资源配置中没有发挥相应作用。事实上，在我国改革开放后市场经济发展过程中，价格机制不断完善，但有效的价格机制是建立在产权明晰的基础之上。在资源领域内，由于环境资源的产权没有准确界定，价格机制的作用无法发挥，投资决策都是以市场上的投入和产出价格为基础的。扭曲的价格自然会导致经济计算偏差，误导投资决策。特别是，能源、自然资源、土地、环境质量（环境法规落实不到位）和劳动力（劳动者权益得不到保护）等投入品的价格低估有可能抑制企业在技术进步方面的投资积极性，尽管这些投资可能提高能效、节省资源或给劳动者带来更多福利。虽然改革开放已经 30 多年的时间，我国的土地、能源、水和矿产资源的价格仍由政府控制或在很大程度上受到政府影响，至少其中一大部分定价过低，无法充分反映真实社会成本，包括它们的稀缺程度。现有的资源价格仅反映了开采成本和运输成本，而没有反映资源现在使用所导致的机会成本，而这部分成本是应该由使用者承担的，其应占据资源价格的主体部分。资源价格中如果不包含机会成本，则导致使用者没有承担资源价格中最主要的部分，较低的资源价格不会使企业自发地减少资源消耗，只要收益高过资源的开发成本，生产者再没有其他方面的制约，资源的使用量将不断增加，环境破坏将加剧。

资源、能源的价格严重影响资源的有效利用和合理配置，现行价格体系存在着严重的扭曲现象，突出表现在原材料价格偏低和一些环境资源的低价甚至无偿使用。资源环境的有偿使用费包括以下内容。

①环境资源的有偿占用。环境资源的有偿占用是指对公共环境容量资源或生态资源进行了占有，剥夺了其他人在同等条件下获得这项资源的权利，根据环境资源的价值理论，必须对此付出占有费用。具体而言，环境资源的有偿占用包括：排污初始权占用的有偿使用（包括废水、水污染物、大气污染物等）和生态服务资源初始占用的有偿使用（包括土地、湿地、草地、生物资源等）。由于排污单位有偿使用后的排污指标通过排污权交易市场实现排污者之间排污权力的再分配，因此，排污权的二级市场有偿交易也应属于环境资源的有偿占用范围，只是实行了二级市场的再分配。

②环境资源的付费使用。由于造成了环境污染和生态破坏，排污单位和生态破坏者必须对其行为负责，负责承担污染治理和生态恢复所需要的资金投入，于是提出了环境资源的使用补偿问题。目前，在我国环境资源的使用补偿主要包括排污收费和生态补偿两类。环境资源的付费使用实际上就是"污染者付费"和"破坏者付费"原则的体现。在今后的价格改革中应逐步把各种环境资源直接投入市场，依靠价格规律和供需关系来调整资源价格，使市场价格准确地反映环境资源的真实价值，最终建立一个可持续的环境资源价格体系。

要使市场价格反映社会成本，需要政府的干预，以明确的产权为切入点，并着眼于环境资源的公共品属性，使资源产品价格形成在一定政策框架内的市场化，限制企业的粗放型生产过程。企业通常是环境污染和生态破坏的主要制造者，消除污染和恢复生态理应是其经济活动的重要组成部分。企业生产必须考虑环境成本，不能把治理环境污染的责任完全转嫁给社会，应按照"污染者付费原则"（PPP），直接削减产生的污染或补偿有关环境损失。企业在生产和经营过程中，应通过各种措施和资金投入，满足国家制定的污染物排放标准和污染物排放总量控制要求，使生产商品的价格包括外部的环境成本。企业生产的产品应满足的产品质量、安全、健康和环境等标准要求，最大限度地实现产品全过程或产品生命周期的环境友好目标。企业没有在环保上达标，就将被认定为危害生态环境，并由于环境成本低而存在低价倾销行为，要受惩罚，具体操作是通过环境规制工具中征收排污税或资源补偿税来完成的，税额依据对资源使用者成本的计算，使资源的机会成本通过市场价格反映出来，由使用资源的企业来承担，在可持续性发展的前提下达到资源的最优配置。在具体制定过程中，应保证税额足够高，高于企业使用该资源所形成的收益，监管要全面严格，否则环境补偿税的作用将消失。在环境保护过程中充分利用市场机制，消除价格信号失真的扭曲化作用，从根源上遏制环境污染和环境资源浪费，使资源得以有效利用。

（2）推行可交易的排污许可权政策

排污交易权是在污染物排放总量控制指标确定的条件下，利用市场机制，通过污染者之间交易排污权，实现低成本污染治理。国家或政府是以排污权为载体的初始排污权的原始产权所有者。政府以有偿使用排污许可证的形式对排污单位规定环境容量资源的使用权，获得排污许可的企业就意味着拥有了相应的、使用环境容量资源的产权。同时建立排污许可证制度，以污染物总量控制为基础，规定污染源许可排放污染物的种类、数量和去向的制度。通过对环境容量资源的初始分配，实现了环境容量资源产权的初始配置。在环境资源有偿使用政策框架下，排污单位有偿取得初次分配的排污许可权后，还应通过排污权交易市场实现排污者之间排污权产权的再分配，这就是排污权的二级市场。只有通过法律决定排污权的初始分配和市场决定的排污权的再分配，才可实现环境资源的最优配置。我国是一个发展中国家，采取低成本、高效率治理污染的手段无疑具有环境和经济的双重现实意义。美国的实践已经证明，通过市场机制解决工业污染问题是一种很有效的方法，这种在我国同样有效。可以首先开展二氧化硫排污交易，并在两控区进行试点，重点放在电力行业。这种试点不能老停留在目前的城市一级水平上，应该是一个跨区域的国家项目，应抓紧开展。排污交易应该成为环境保护领域真正利用市场手段的一个"亮点"。可交易的排污许可权制度是高度市场经济中的重要环境保护政策，在欧美等发达国家发挥了极佳的效果，但对政府的环境监管能力和环境整体规划要求较高，在我国市场经济的现阶段全面实施会面临许多困难，我国应该在政府市场化监管方面不断完善，为排污许可权交易实施提供条件。

8.4.2 健全环境资源保护的税收与财政体制

（1）税收体制改革

绿色税收和环境收费是促进环境资源合理配置、减少污染排放和保护环境的一项重要手段，通过实施环境税在一定程度上能减轻环境外部不经济性问题。我国现行的税收价格体系，不能很好地反映出资源的稀缺性，更没有反映出外部性，生产力要素价格被扭曲没有得到完全更正。水、石油、煤炭和其他自然资源没有建立起合理的资源收费制度，不少资源产品价格偏低。要素价格被人为压低是资源浪费和环境恶化的主因。这个问题不解决好，增长模式转型、建设资源节约型社会不可能得到实质性推进。改革现有税收价格体系的必要性还不仅仅在于反映资源的稀缺性，内部化环境成本，而且更在于激励技术创新，从源头上而不是在末端解决环境问题，减少环境管理的行政成本。事实证明，最有效的管理体制不是由政府去管制，而是由政府克服市场失灵，让市场重新发挥作用，达到"无为而治"的境界。如果政府能够让市场充分将外部成本内部化，克服了市场失灵而市场重新自动配置包括环境成本内部化的资源，那么这样的环境管理体系就是最有效的管理，无须再投入额外的人力物力资源去进行管理，而由市场自动配置。

当前，正值国家财政税收体制改革的有利时期，应加快开展研究和建立适合我国国情的环境税收制度，在改革现行的财政税收体制基础上建立"绿色"税制，全面改革和实施排污收费。具体行动包括：结合我国税制的改革，要充分结合环境要素，使税收更加绿色化；结合具体污染控制的要求，研究征收污染产品税。包括包装材料、电池、碳税等；改革排污收费，按照污染物的排放量计征排污费，逐步提高排污费的标准。

可持续的税收价格体系，应当由以下三方面构成：可持续生产的税收定价体系先纠正水资源、能源、土地、环境容量等基本生产要素的市场扭曲，向造成环境负面影响的这些要素征收生态环境税，从源头控制，构建"资源节约、环境友好、社会和谐的可持续发展"的税收体系，让失灵的市场重新发挥作用。这样可以充分发挥市场的作用，减少政府的不必要干预，防止政府的政策失灵。逐步减轻服务业的税赋负担，使得经济结构向资源节约、环境友好、社会和谐的可持续发展方向转移可持续消费的税收定价体系。逐步改变从向生产者收税转为向消费者征税的税收结构，向对资源环境有重大负面影响的消费品征收资源环境税可持续贸易的税收定价体系；逐步减少资源、能源密集产品出口的增值税退税；对服务业的出口也可考虑"出口退税"；对资源环境有重大影响的行业与产品，可考虑征收出口环节资源环境税。

（2）建立生态补偿机制

建立统一的自然资源管理体制和生态补偿机制，使得为资源节约和环境友好型经济发展模式所做的努力能够在经济上得到补偿。改革现行的资源使用制度，对所有权和使用权实行分离，对资源实行有偿使用和转让，改变行政权力配置自然资源，利用市场机制配置资源，有效地建立资源更新补偿机制和生态环境补偿机制，提高自然资源的利用效率；改革现行的由多个部门分散管理资源和同一部门既管理资源又开发利用资源的体制，建立统一的自然资源管理体制，坚决将资源管理和资源利用彻底分开，切实做到自然资源的开发利用单位和部门不能管资源，管资源的部门不能经营，这样可以有效减少资源权属纠纷，保障资源的可持续利用。生态补偿应包括以下几方面主要内容：一是对生态系统本身保护（恢复）或破坏的成本进行补偿；二是通过经济手段将经济效益的外部性内部化；三是对个人或区域保护生态系统和环境的投入或放弃发展机会的损失的经济补偿；四是对具有重大生态价值的区域或对象进行保护性投入。生态补偿机制的建立是以内化外部成本为原则，对保护行为的外部经济性的补偿依据是保护者为改善生态服务功能所付出的额外的保护与相关建设成本和为此而牺牲的发展机会成本；对破坏行为的外部不经济性的补偿依据是恢复生态服务功能的成本和因破坏行为造成的被补偿者发展机会成本的损失。

8.4.3　建立与完善环境友好型技术创新体系

（1）坚持走自主创新道路

高能耗、低能效、高排放是我国经济发展中存在的基本现状。[①] 我国经济向可持续发展转型的核心就是对环境友好型技术的创新和运用，应当以过去所走的"以市场换技术"道路的为鉴，因为有些技术特别是核心技术和关键技术，仅靠市场是换不到的。只有走自主创新的道路，才能夯实经济可持续发展基础，不断提升中国经济的综合竞争力，彻底摒弃依靠传统的以环境资源为代价的不可持续的传统发展模式。我国能源领域的高新技术大多从境外引进，能源领域某些企业借助引进技术，利用国内低价资源及运行成本，已经形成规模化生产，其采取的低价竞争策略，不仅扰乱了整个行业秩序，而且严重削弱和打击了国内的技术创新能力，自主创新技术缺乏必要的积累。

（2）使企业成为自主创新的主体

建立开放、竞争、有序的环境技术市场经济，通过数量规制、税收和建立健全知识产权激励机制和知识产权交易制度，以及财税、金融支持等政

---

① 目前，我国每美元 GDP 的能耗是日本的 11.5 倍，美国的 4.3 倍，德国和法国的 7.7 倍；世界自然基金会发布的《气候变化解决方案——WWF2050 展望》报告称，目前中国能源利用效率仅为 33% 左右，相当于发达国家 20 年前的水平。

策，引导企业增加研究开发投入，推动企业特别是大企业建立研究开发机构。国家科技计划要更多地反映企业重大科技需求，支持企业承担国家研究开发任务，更多地吸纳企业参与。中小企业特别是科技型中小企业是富有创新活力但承受创新风险能力较弱的企业群体。积极发展支持中小企业的科技投融资体系和创业风险投资机制，加快科技中介服务机构建设，为中小企业技术创新提供服务。

（3）建立环境友好型技术创新的国家战略规划和扶持体系

环境友好型技术创新是一项外部性很强、风险大的带有公益性的技术创新，因此需要国家在战略规划和政策方面的支持。2006 年召开的全国科技大会和第六次全国环境保护大会，以及最近出台的《中共中央国务院关于实施科技规划纲要和增强自主创新能力的决定》和《国务院关于落实科学发展观，加强环境保护的决定》都要求要加快建设国家环境技术创新体系，使环境科技工作更好地适应新时期环保事业快速发展的要求。《国家中长期科学和技术发展规划纲要（2006～2020 年)》提出经过 15 年的努力，能源开发、节能技术和清洁能源技术取得突破，促进能源结构优化，主要工业产品单位能耗指标达到或接近世界先进水平；在重点行业和重点城市建立循环经济的技术发展模式，为建设资源节约型和环境友好型社会提供科技支持等目标以及把发展能源、水资源和环境保护技术放在优先位置，下决心解决制约经济社会发展的重大"瓶颈"问题。早在 2007 年 9 月，时任中国国家主席胡锦涛在亚太经合组织（APEC）第 15 次领导人会议上，就提出了"发展低碳经济，研发低碳能源技术，促进碳吸收技术发展"的战略主张。温家宝总理在《2010 政府工作报告》中指出，"要努力建设以低碳排放为特征的产业体系和消费模式"，"要大力开发低碳技术，推广高效节能技术，积极发展新能源和可再生资源"。

在政策支持方面，如积极鼓励和支持企业开发新产品、新工艺和新技术，加大企业研究开发投入的税前扣除等激励政策的力度，实施促进高新技术企业发展的税收优惠政策。结合企业所得税和企业财务制度改革，鼓励企业建立技术研究开发专项资金制度。鼓励和支持中小企业采取联合出资、共同委托等方式进行合作研究开发，对加快创新成果转化给予政策扶持。制定扶持中小企业技术创新的税收优惠政策。

（4）非技术创新保障

从创新的角度来看，创新的一个核心内容是技术创新，但是并不是创新的唯一内容。环境领域不仅需要技术也需要法制、机制、体制以及政策方面创新，而且技术创新的实现需要非技术创新的保障。特别是制度与政策创新对于技术创新来说非常重要，同时对于环境管理本身能力的提高也是一个决定性的因素。非技术创新可以大大提高环境管理能力，促进环境技术的进步，并进而整合环境、技术、创新、管理等各类因素。因此，应当以管理创新推动技术创新，以制度创新保障技术创新。

8.4.4　促进环境资源利用的公平性——以水资源保护为例

公平性是可持续发展的重要特征，失去公平性也就失去了可持续发展。当然，环境问题的实质是少数强者对多数弱者利益的侵犯，是环境不公平问题。环境公平要求利益与责任被公民合理的分担。环境公平的核心应是要求社会强势群体承担更大的环境责任，要求政府给社会强势群体施加压力，以求保护社会弱势群体的环境权益。不同学者对环境公平给予不同的定义，主要有三种代表性观点：一是强调环境权利公平，认为环境公平指每个人享有其健康和福利等要素不受侵害的环境权利，任何个人或集团不得被迫承担和其行为结果不成比例的环境污染后果；二是强调环境道德规范建设，认为环境公平主要是强调对环境资源享用的机会和利益的平等性，主要包括代内人类环境利益的公平和代际人类环境利益的公平；三是强调法律主体平等，认为环境公平是指在环境资源的使用和保护上所有主体一律平等，享有同等的权利，负有同等的义务，从事对环境有影响的活动时，负有防止对环境的损害并尽力改善环境的责任；除有法定和约定的情形，任何主体不能被人为加给环境费用和环境负担；任何主体的环境权利都有可靠保障，受到侵害时能得到及时有效的救济，对任何主体违反环境义务的行为予以及时有效的纠正和处罚。

改革开放以后，快速的工业化和城镇化是促进我国经济社会发展的根本，也是我经济社会发展的基本现实。市场经济体制的逐步建立和完善，以经济利益为核心和市场为基础的资源配置方式导致城乡资源配置的失衡，因为城镇产业、城镇化生活方式相比较于农业和农村生活具有很大的比较利益。水资源配置的城乡失衡也是在这一背景下产生的。在我国，城镇的空间布局与资源环境承载能力不相适应的问题越来越突出，655个城市中有2/3存在不同程度的缺水问题。有一些地区仍然不顾自身的资源条件，盲目发展高耗水、高污染项目，甚至还有一些缺水城市仍然热衷于建设大草坪、水景观。再者，我国城镇用水体制和机制的不合理，城市水污染、水资源粗放式利用和人为浪费严重。在这种情况下，城市化和工业化所需要水资源通过各种调水工程从非城市化区域调入，或者是通过开采地下水来保证。改革开放后我国农村经营体制变化，针对农村和农业的水利建设严重滞后，农田水利设施的管理和维护体制机制不健全。农村地区因为居住分散、基础设施建设成本较高，于是常常就成为"财力不足"背景下被忽视的对象。这样，许多地区由于缺水，造成工农业争水、城乡争水、地区之间争水、超采地下水和挤占生态用水现象的发生。本来用于保障农业和农村居民的水资源就被城市用水所占用，导致了我国水资源在城乡分配上的严重失衡，自然灾害对于农村和农业的影响和造成的损失就日益加大。从近几年我国中原地区、华北地区和西南地区的干旱来看，干旱主要的影响和损失是施加在农业和农村人口上。城乡水资源分配的失衡也是我国城乡差距大，城乡二元体制的重要表现。

　　造成我国农用水资源利用中的严峻形势的根本原因在我国水资源利用和管理上体制机制的缺陷。在我国经济体制和机制的市场化改革逐步深化的情况下对于具有公益性和准公益性质的农用水资源的配置体制机制，一方面传统的计划经济配置遭到破坏，公益性和准公益性的资源配置出现了市场化的配置倾向。另一方面配置体制和机制的不健全、不完善又不能与社会主义市场经济体制相适应。因此，在我国农用水资源利用和管理机制体制的过度市场化的倾向与市场机制滞后的并存局面，是造成我国农用水资源短缺的根本原因。

　　水资源是一种具有公益性和准公益性的自然资源，因此水资源的分配和利用在本质上应该是不同于市场化的利益趋向的机制。虽然长期以来我国的水资源分配和利用制度政策的制定都是本着这一思想，但是在实际中，我国水资源的分配和利用在市场化改革的过程中市场化的配置倾向越来越增强，导致了我国农用水资源的短缺形势越来越严峻。一是水资源的城乡分配的利益化倾向严重。城市和工业用水的相对比较效益要高于农业和农村用水的效益，在利益的驱动下，本来稀缺的水资源依靠输水工程不断地从农村区域输送到城市化地区。从水资源的公益性和准公益性属性来看，这种市场化倾向的水资源配置体制，造成了城乡发展的水资源分配的不合理，是造成城乡差距大的重要体制机制因素。二是虽然在水资源的开发利用中，我国一直在强调水利工程的综合效应，但是在实际中水利工程的防旱、灌溉和节水等公益性和准公益性的功能被发电、航运等营利性明显的功能所压倒。在我国，大江大河的水利开发项目投资和建设主要是以发电等城市和工业用水的营利性工程为主，而防旱、灌溉和节水等公益性和准公益性农业和农村水利工程建设严重滞后。我国西南地区从水资源的总体禀赋和水资源的需求上本来缺口不大，而且西南地区的水电开发项目众多，投资巨大，但是真正能够体现公益性和准公益性的水利工程建设和开发却相形见绌。三是农田水利建设和管理中的投资缺乏制度性的保障。我国农田水利建设的高潮期是在计划经济时期，这一时期的农田水利建设基本是本着公益性的原则进行的，不论在资金投入还是劳动投入上都能保障建设和管理的需要。但是市场化改革之后，因为农业生产的相对经营效率低下、农村集体经济组织财力的匮乏、筹劳机制运行困难等原因，我国农田水利建设和管理的欠账就越来越多。在这种情况下，政府的农田水利建设和管理投资应该起到主导性的作用，但是实际情况是，一是政府公共财政投入农田水利建设和管理的资金在总量上远远不足，不论是从中央政府的投入还是从地方政府配套投资上看都是如此。按照目前国家水利投资政策，农田水利工程项目建设实行中央财政补助，补助比例一般为 33%、50% 和 60%，个别类项目为 80%。中西部相当一部分县市本级的财政收入保工资和运转还不够，根本没有富余的资金用于水利建设配套。二是政府投入往往被分割在各个部门的纵向投入，投资分散，形不成合力，因此投入利用效率低下。三是在各级政府的投入使用过程中的滴、漏、跑、冒现象严重，有限的资金被巨大的行政成本和行政性腐败所侵蚀，直接运用到农田水利建设上的资金十分有限。四是农田水利工程的直接受益者没有能力也没有动力去进行农田水利的建设和管理。从我国目前的水利工程投资体制看，中央财政负责骨干水利设施建设，小型农田水利设施建设则由地方政府和农民个人承担，但是农村集体和农户，没有能力也没有动力去进行农田水利的建设和管理，结果是水利设施的"毛细血管"普遍不完善，功能作用得不到应有的充分发挥。因此，应在环境资源的开发利用中应发挥环境规制的作用，使资源利用朝公平性方向发展。

参 考 文 献

[1] 埃莉诺·奥斯特罗姆等. 制度激励与可持续发展 [M]. 上海：上海三联书店，2000.

[2] 巴里，菲尔德等. 环境经济学 [M]. 北京：中国财政经济出版社，2006.

[3] 巴泽尔. 产权的经济分析 [M]. 上海：上海三联书店，上海人民出版社，1997.

[4] 曹凤中. 经济环境发展 [M]. 北京：中国环境科学出版社，1999.

[5] 曹光辉等. 我国经济增长与环境污染关系研究 [J]. 中国人口. 资源与环境，2006，(1).

[6] 曹玉书，尤卓雅. 环境保护、能源替代和经济增长——国内外理论研究综述 [J]. 经济理论与经济管理，2010，(6).

[7] 曾贤刚. 环境规制、外商直接投资与"污染避难所"假说——基于中国30个省份面板数据的实证研究 [J]. 经济理论与经济管理，2010，(11).

[8] 常宁，李娜. 上海市经济增长与工业污染关系研究——基于环境库兹涅茨曲线假说 [J]. 上海财经大学学报，2010，(4).

[9] 陈华文，刘康兵. 经济增长与环境质量：关于环境库兹涅茨曲线的经验分析 [J]. 复旦学报（社会科学版），2004，(2).

[10] 陈长. 引入环境的马克思经济增长理论研究 [J]. 经济问题探索，2010，(10).

[11] 刀丽芳，吴成健. 论环境问题对中国经济增长的制约 [J]. 前沿，2000，(11).

[12] 丁继红，年艳. 经济增长与环境污染关系剖析——以江苏省为例 [J]. 南开经济研究，2010，(2).

[13] 范金. 可持续发展下的最优经济增长 [M]. 北京：经济管理出版

社，2002.

　　[14] 方行明，刘天伦. 中国经济增长与环境污染关系新探 [J]. 经济学家，2011，(2).

　　[15] 方化雷. 中国经济增长与环境污染之间关系的理论解释与贝叶斯回归分析 [J]. 华东经济管理，2010，(9).

　　[16] 冯薇. 环境问题的经济分析及其局限性 [J]. 中央财经大学学报，2002，(2).

　　[17] 高迎春，佟连军，马延吉. 吉林省经济增长和环境变化的动态关系 [J]. 环境科学研究，2010，(3).

　　[18] 郭克莎. 中国工业增长与结构变动研究 [M]. 北京：经济管理出版社，2000.

　　[19] 国家环境保护局编. 中国环境保护 21 世纪议程 [M]. 北京：中国环境科学出版社，1995.

　　[20] 国忠金，马晓燕，张卫. 资源、环境约束下内生创新性经济增长模型 [J]. 山东大学学报 (理学版)，2010，(12).

　　[21] 韩几晶，朱洪泉. 经济增长的制度因素分析 [J]. 南开经济研究，2000，(4).

　　[22] 韩元军，林坦，殷书炉. 中国的环境规制强度与区域工业效率研究：1999～2008 [J]. 上海经济研究，2011，(10).

　　[23] 何建坤. 我国产业结构变化对 GDP 能源强度上升的影响及趋势分析 [J]. 环境保护，2005，(12).

　　[24] 赫尔曼·E. 戴利. 超越增长：可持续发展的经济学 [M]. 上海：上海译文出版社，2006.

　　[25] 衡孝庆，魏星梅，邹成效. 环境社会技术对产业共同体的规制：绿色解码 [J]. 科技进步与对策，2011，(20).

　　[26] 侯伟丽. 中国经济增长与环境质量 [M]. 北京：科学出版社，2005.

　　[27] 胡飞. 环境规制对我国区域工业增长影响的实证研究 [J]. 现代管理科学，2011，(11).

　　[28] 胡妍红，傅京燕. 论环境成本内部化 [J]. 生态经济，2001，(4).

　　[29] 黄菁，陈霜华. 环境污染治理与经济增长：模型与中国的经验研

究 [J]. 南开经济研究, 2011, (1).

[30] 霍海燕. 西方国家环境政策的比较与借鉴 [J]. 中国行政管理, 2000, (7).

[31] 焦必方. 环保型经济增长——21世纪中国的必然选择 [M]. 上海: 复旦大学出版社, 2000.

[32] 李培育. 正确把握我国中长期经济增长韵关键因素和政策要点 [J]. 管理世界, 2000, (1).

[33] 李顺毅. 环境规制有利于提高我国工业自主创新能力吗? ——基于中国省际面板数据的实证分析 [J]. 天府新论, 2011, (6).

[34] 林瑞基, 程颖. 制度创新——可持续发展的唯一道路 [J]. 经济体制改革, 2001, (2).

[35] 刘凤良, 吕志华. 经济增长框架下的最优环境税及其配套政策研究——基于中国数据的模拟运算 [J]. 管理世界, 2009, (6).

[36] 刘红, 唐元虎. 外部性的经济分析与对策 [J]. 南开经济研究, 2001, (1).

[37] 刘易斯, 经济增长理论 [M]. 北京: 商务印书馆, 1999.

[38] 陆虹. 中国环境问题与经济发展的关系 [J]. 财经研究, 2000, (10).

[39] 陆旸. 环境规制影响了污染密集型商品的贸易比较优势吗? [J]. 经济研究, 2009, (4).

[40] 罗浩. 自然资源与经济增长: 资源瓶颈及其解决途径 [J]. 经济研究, 2007, (6).

[41] 罗勇, 曾晓飞. 环境保护的经济手段 [M]. 北京: 北京大学出版社, 2002.

[42] 马克思. 资本论 (1~3卷) [M]. 北京: 人民出版社, 1975.

[43] 马克思恩格斯全集 [M]. 北京: 人民出版社, 1980.

[44] 马晓芸, 唐志. 浙江省经济增长中的环境负荷分析 [J]. 经济论坛, 2011, (1).

[45] 麦多斯. 增长的极限 [M]. 北京: 商务印书馆, 1984.

[46] 潘家华. 可持续发展途径的经济学分析 [M]. 北京: 中国人民大学出版社, 1997.

[47] 钱纳里等. 工业化和经济增长的比较研究 [M]. 上海: 上海三联

出版社，1989.

[48] 钱文婧，贺灿飞. 经济增长与环境关系：生态足迹视角 [J]. 生态经济，2010，(10).

[49] 钱易，唐孝炎. 环境保护与可持续发展 [M]. 北京：高等教育出版社，2000.

[50] 任勇. 日本环境管理及产业污染防治 [M]. 北京，中国环境科学出版社，2000.

[51] 石磊，马士国. 环境管制收益和成本的评估与分配 [J]. 产业经济研究，2006.

[52] 史普博. 管制与市场 [M]. 上海：上海人民出版社，1999.

[53] 谭娟，陈晓春. 基于产业结构视角的政府环境规制对低碳经济影响分析 [J]. 经济学家，2011，(10).

[54] 汤姆·泰坦伯格. 环境与自然资源经济学（第五版）[M]. 北京：经济科学出版社，2003.

[55] 涂正革. 环境、资源与工业增长的协调性 [J]. 经济研究，2008，(2).

[56] 万建香. 环境政策规制对江西重点调查产业的双赢绩效分析 [J]. 江西社会科学，2011，(10).

[57] 王兵. 环境管制与全要素生产率增长：APEC 的实证研究 [J]. 经济研究，2008，(5).

[58] 王红梅，孟影. 资源型重工业城市经济增长与环境质量相关性研究 [J]. 经济问题，2011，(6).

[59] 王群伟，周德群，葛世龙，周鹏. 环境规制下的投入产出效率及规制成本研究 [J]. 管理科学，2009，(6).

[60] 王文普. 环境规制竞争对经济增长效率的影响：基于省级面板数据分析 [J]. 当代财经，2011，(9).

[61] 威廉·J，鲍莫尔. 华莱士·E. 奥茨. 环境经济理论与政策设计 [M]. 北京：经济科学出版社，2003.

[62] 西蒙，库兹涅茨. 各国的经济增长 [M]. 北京：商务印书馆，1985.

[63] 夏光等. 环境政策创新—环境政策的经济分析 [M]. 北京：中国环境科学出版社，2002.

［64］肖巍，钱箭星．环境治理的两个维度［J］．上海社会科学季刊，2001，（4）．

［65］谢地．产业组织优化与经济集约增长［M］．北京：中国经济出版社，1999．

［66］徐彤．经济增长、环境质量与产业结构的关系研究——以陕西为例［J］．经济问题，2011，（4）．

［67］严立冬．经济可持续发展的生态创新［M］．北京：中国环境科学出版社，2002．

［68］叶祥松，彭良燕．我国环境规制的规制效率研究——基于1999～2008年我国省际面板数据［J］．经济学家，2011，（6）．

［69］约瑟夫·熊彼特．经济发展理论［M］．商务印书馆，1990．

［70］张成，陆旸，郭路，于同申．环境规制强度和生产技术进步［J］．经济研究，2011，（2）．

［71］张成，于同申，郭路．环境规制影响了中国工业的生产率吗——基于DEA与协整分析的实证检验［J］．经济理论与经济管理，2010，（3）．

［72］张成，朱乾龙，同申．环境污染和经济增长的关系［J］．统计研究，2011，（1）．

［73］张复明．资源型经济及其转型研究述评［J］．中国社会科学，2006，（6）．

［74］张各兴，夏大慰．所有权结构、环境规制与中国发电行业的效率——基于2003～2009年30个省级面板数据的分析［J］．中国工业经济，2011，（6）．

［75］张红凤，周峰，杨慧，郭庆．环境保护与经济发展双赢的规制绩效实证分析［J］．经济研究，2009，（3）．

［76］张三峰，卜茂亮．环境规制、环保投入与中国企业生产率——基于中国企业问卷数据的实证研究［J］．南开经济研究，2011，（2）．

［77］张三峰，曹杰，杨德才．环境规制对企业生产率有好处吗？——来自企业层面数据的证据［J］．产业经济研究，2011，（5）．

［78］张世秋等．环境政策创新：论中国开征环境税［J］．北京大学学报（哲学社会科学版），2001，（4）．

［79］张晓．中国环境政策的整体评价［J］．北京：中国社会科学，1999，（3）．

［80］赵细康.环境保护与产业国际竞争力——理论与实证分析［M］. 北京：中国社会科学出版社，2003.

［81］植草益（日本），微观规制经济学［M］.北京：中国发展出版 社，1992.

［82］钟学义等.增长方式转变与增长质量提高［M］.北京：经济管理 出版社，2001.

［83］周力.产业集聚、环境规制与畜禽养殖半点源污染［J］.中国农 村经济，2011，（2）.

［84］朱达.经济结构调整与环境政策［J］.环境保护，1998，（11）.

［85］朱德明，瞿为民.经济转轨时期可持续发展环境政策调整［J］. 南京社会科学，1998，（5）.

［86］朱平芳，张征宇，姜国麟.FDI与环境规制：基于地方分权视角 的实证研究［J］.经济研究，2011，（6）.

［87］Arrow K.，etal.，Economic Growth，Carrying Capacity，and the En- vironment［J］.Ecological Applicat ions，1995，vol. 6，No. 1，pp. 13 – 15.

［88］B. Jaffe，S. R. Petesron，P. R. Portney，and R. N. Stavins，Environ- mental regulation and the competitiveness of U. S. manufacturing：What does the evidence tell us？［J］. J. Econom. Literature 33，1995：132 – 163.

［89］Birdsall N.，Wheeler D. Trade policy and industrial pollution in Latin America：where are the Pollution havens？［J］. Journal of Environment and De- velopment，1993，（2）：137 – 149.

［90］Busse，Matthias Trade，Environmental Regulations and The WTO： New Empirical Evidence［R］. World Bank Policy Research Working Paper， 2004，No. 3361.

［91］Clivel. Spash，The Development of Environmental Thinking in Eco- nomics［M］. Environmental Values The White Horse Press，Cambridge，UK.， 1999.

［92］Cole，D. H.，Pollution and Property：Comparing ownership Institu- tions for Environmental Protection［M］. New York：Cambridge University Press， 2002.

［93］Cropper M，Griffiths C. The interaction of population growth and envi- ronmental quality［J］. American Economic Review，1994，（2）：250 – 254.

［94］ Dales, J. H. , Pollution, Property and Prices ［M］. Toronto: University of Toronto Press, 1968.

［95］ Dunning, J. H. , Location and the Multination Enterprise: A neglected factor? ［J］. Journal of International Business Studies, 1998 (29): 45 – 67.

［96］ Edward B. Barbier, Environmental Kuznets Curve Special Issue ［J］. Environment and Development Economics, 1997, (2): 369 – 381.

［97］ Forster B. A. , Optimal Capital Accumulation in a Polluted Environment ［J］. Review of Economic Studies, 1973, (39): 544 – 547.

［98］ Gray W, Shadbegian R, Environmental regulation, investment Timing and Technology Choice ［J］. Journal of industrial Economics, 1998, 46 (2): 235 – 256.

［99］ Grossman Gene, Helpman E. Innovation and Growth in the Global Economy Cambridge ［M］. MA, MIT Press, 1991.

［100］ Hettge H etal. The toxic intensity of industrial production: global patterns, trends and trade policy ［J］. American Economic Review, 1992, (2): 478 – 481.

［101］ James Andreoni Arik Levinson, The Analytics of the Environmental Kuznets Curve ［R］. NBER Working Paper Series, 1998.

［102］ Klassen, R. D. , Mclaughlin, C. P. , The Impact of Environmental Management on Firm Performance ［J］. Management Science, 1996 (42): 1199 – 1214.

［103］ Lanoie, P. , Laplante, B. , Roy, M. , Can Capital Markets Create Incentives for Pollution Control? ［M］. Ecological Economics, 1998 (26): 31 – 41.

［104］ Leonard, H. J. , Pollution and the Struggle for the World Product ［M］. NY: Cambridge, 1988.

［105］ Marcus wagner, Stefan Schaltegger. The Effect of Corporate Environmental Strategy Choice and Environmental Perform on competitiveness and Economic Performance: An empirical Study of EU Manufacturing ［J］. European Management Journal, 2004, 22 (5): 557 – 572.

［106］ Markus Pasche. , Technical progress, structural change, and the environmental Kuznets curve ［J］. Ecological Economies, 2002, 42 (2):

381 –389.

[107] Montero Jp. Permits standards and technology innovation [J]. Journal of environmental economics and management, 2002, 44 (1): 23 –44.

[108] Olvier, C. K. , Hamel, G. , Sustainable Competitive Advantage: Combining Institutional and Resources-based Views [J]. Strategic Management Journal, 1987, 18 (9): 697 –713.

[109] Requate T. Incentives to innovation under emission taxes and tradable permits [J]. European Journal of political economy, 1998, 14 (1): 139 – 165.

[110] Richard Schmaleness, The Cost of Environmental Protection, in Balancing Economic Growth and Environmental Goals [J]. American Council for Capital formation Center for Policy Research, 1994: 55 –75.

[111] Selden, T. M. and D. Song, Environment Quality and Development: Is There a Kuznets Curve for Air Pollution Emission? [J]. Journal of Environmental Economic and Management, 1994, (27): 147 –162.

[112] Stavins, R. N. , Correlated Uncertainty and Policy Instrument Choice, Journal of Environmental Economics and Management, 1996, (30): 218 –232.

[113] Stern D. I, Common, M. 5. , and E. Barbier, Economic Growth and Environment Degredation: The Environmental Kuznets Curve and Sustainable Development [J]. World Development, 1996, 24 (7): 1151 –1160.

[114] Tietenberg, T. , Disclosure Strategies for Pollution Control [J]. Environmental and Resource Economics, 1998, 11 (3 –4): 587 –602.

后　记

　　党的十八大将生态文明建设纳入中国特色社会主义现代化建设"五位一体"总体布局，党中央站在战略和全局的高度先后出台了系列重大决策部署，对生态文明建设和生态环境保护提出新思想新论断新要求，为努力建设"美丽中国"，实现中华民族永续发展，指明了前进方向和实现路径。加快推进生态文明建设是加快转变经济发展方式、提高发展质量和效益的内在要求，是坚持以人为本、促进社会和谐的必然选择，是全面建成小康社会、实现中华民族伟大复兴中国梦的时代抉择，是积极应对气候变化、维护全球生态安全的重大举措。环境规制作为促进经济发展方式转变、建设生态文明的重要措施越来越受到高度重视。

　　本书是在我博士学位论文的基础上修改撰写完成的，在本书出版之际，我的心情一直无法平静。回首来时路，攻读博士学位期间的艰辛与压力不必言说。但是，非常值得庆幸和感激的是，我得到了诸多老师、领导、同学、同事和家人的关心和帮助，使我克服重重困难顺利完成了本书的写作。

　　我的导师蒋永穆教授从本书的选题、写作、修改到最后的定稿，都倾注了大量心血，对本书的结构体系、主要思路、逻辑框架提出了非常宝贵的指导意见。导师严谨的治学风格、渊博的学术知识、清晰的逻辑思维、一丝不苟的工作作风和豁达的人生境界使我终生受益，在此对导师致以崇高的敬意和衷心的感谢！我的工作单位成都市社会科学院的各位领导和同事长期以来对我关怀备至，提供了各种便利条件让我能够安心完成本书的写作，在此表示衷心感谢！

　　最后，也是最重要的，我要万分感谢我的父母和爱人对我的理解和关心。感谢父母三十多年来对我一如既往的无私照顾和关爱，感谢爱人给我的坚强支持以及鼓励，感谢他们给予我不断前进的信心和动力。

　　生态环境保护与经济协调发展将是一个长期积累和持续演进发展的过

程，对这一问题的研究也需要不断深化。本书虽几经修改，但囿于时间和能力，不少内容仍需进一步深化和完善，恳请读者对本书提出批评意见，也期待更多相关研究成果的问世。

周　灵

2017 年 7 月